全国高等学校城乡规划学科
专业竞赛作品集萃(第三辑)

城市设计(中山大学作品集)

王　劲　刘立欣　产斯友◎主编

中山大学出版社
SUN YAT-SEN UNIVERSITY PRESS

·广州·

版权所有　翻印必究

图书在版编目（CIP）数据

全国高等学校城乡规划学科专业竞赛作品集萃．第三辑，城市设计．中山大学作品集 / 王劲，刘立欣，产斯友主编．— 广州 ： 中山大学出版社，2019.6
　　ISBN 978-7-306-06442-4

　　Ⅰ．①全…　Ⅱ．①王…　②刘…　③产…　Ⅲ．①城乡规划－建筑设计－作品集－中国－现代　Ⅳ．① TU984.2

中国版本图书馆 CIP 数据核字（2018）第 214068 号

QUANGUO GAODENGXUEXIAO CHENGXIANGGUIHUA XUEKE ZHUANYE JINGSAI ZUOPIN JICUI(DISANJI):CHENGSHI SHEJI(ZHONGSHANDAXUE ZUOPINJI)

出 版 人：王天琪
策划编辑：吕肖剑
责任编辑：周明恩　罗梓鸿
封面设计：王　勇
责任校对：袁双艳
责任技编：何雅涛
出版发行：中山大学出版社
电　　话：编辑部 020-84111946，84111997，84110779，84113349
　　　　　发行部 020-84111998，84111981，84111160
地　　址：广州市新港西路 135 号
邮　　编：510275　　　　传　　真：020-84036565
网　　址：http//www.zsup.com.cn　E-mail:zdcbs@mail.sysu.edu.cn
印 刷 者：广州家联印刷有限公司
规　　格：889mm×1194mm　1/16　6 印张　280 千字
版次印次：2019 年 6 月第 1 版　　2019 年 6 月第 1 次印刷
定　　价：38.00 元

如发现本书因印装质量影响阅读，请与出版社发行部联系调换

总序

　　20 世纪 80 年代以来，中国经历了国家历史上，同时也是世界历史上最快速的城市化。相对于改革开放前，我国的城市发生了翻天覆地的变化，城市变得越来越复杂、多样和综合。城市的变化不断给我们的城市规划教育提出新的要求。中山大学的城市规划始于 20 世纪 70 年代，主要是城市地理和经济地理的学者参与城市规划与区域规划工作，同时在地理学科下培养城市与区域规划的人才。从 2000 年开始，中山大学正式建立城市规划本科五年制工科专业。在建设部统一指导下，培养具有美术、建筑、基础设施、经济、社会、地理、环境等多学科知识与技能的城市规划人才。

　　《全国高等学校城乡规划学科专业竞赛作品集萃》收录了自 2013 年以来中山大学城乡规划专业本科生参加竞赛的优秀作品，包括社会调查、交通创新和城市设计三大主题。这些作品较好地体现了中山大学城乡规划专业人才培养学科多样化和能力综合性的特点。希望借此作品集展示中山大学城乡规划专业学生培养的特色。

　　这些竞赛作品的形成、收集和整理，凝结了许多老师的心血和劳动。其中《社会调查》主要由林琳、刘云刚和袁媛三位老师负责，《交通创新》主要由周素红和李秋萍两位老师负责，《城市设计》主要由王劲、刘立欣和产斯友三位老师负责。城市与区域规划系的其他老师也对作品的出版提供了各方面的帮助和支持，谨向这些老师表示衷心的感谢！

薛德升

中山大学地理科学与规划学院院长

2018 年 4 月 18 日

目录
CONTENTS

如何做好"城市设计"

一、"城市设计"课程及竞赛的发展

"城市设计"是近年来的一个热点话题，源于中央在 2014 年 3 月正式发布《国家新型城镇化规划（2014—2020 年）》，之后又于 2015 年 12 月在北京召开了中央城市工作会议。会上，习近平总书记发表重要讲话，分析了城市发展面临的形势，提出了做好城市工作的"六点"意见。其中的第三点"统筹规划、建设、管理三大环节，提高城市工作的系统性"明确指出"要加强城市设计，提倡城市修补，加强控制性详细规划的公开性和强制性。要加强对城市的空间立体性、平面协调性、风貌整体性、文脉延续性等方面的规划和管控，留住城市特有的地域环境、文化特色、建筑风格等'基因'"。

上一次召开全国性的城市工作会议是 40 年前（1978 年），当时国家出台了《关于加强城市建设工作的意见》，奠定了此后 30 多年我国城市建设和发展的思路。而经过 30 多年发展，我国城市发展已经到了一个新的"拐点"。在这个时间节点召开城市工作会议，就是要从国家层面对城市建设发展做出顶层设计，在准确把握我国城市发展现状后做出科学决策和部署。

这也预示着我国城市工作将迎来重大变化，而 10 多年来在业界被专家学者们呼吁要重视的"城市设计"终于正式出现在了国家层面的决议之中。可以预见，近年的城市设计项目将成为各地城市工作中的一个热点。

回过头来，我们也可以看到"城市设计"在我国规划学科发展道路上的变化。

2011 年的学科调整使城乡规划学升格变成国务院学位委员会下面的一级学科，与建筑学平齐。而城市设计在当时的学科划分中没有划到规划学，而是划为建筑学下的二级学科。但是，从 2015 年的中央城市工作会议的全文来看，更多的是将城市设计视为从属于城市规划项目类别中的一个新增项。这也意味着在五年制城乡规划工科专业的本科课程教学中，"城市设计"课程的设置和权重将越来越接近城市总体规划及详细规划等法定规划的内容。

事实上，近年来，全国高等学校城乡规划专业指导委员会（以下简称"规划专指委"）也对本科生的"城市设计"课程越来越重视。自 2011 年至 2012 年，规划专指委把 2010 年"全国高等学校城市规划专业学生规划设计作业评优"明确与"城市设计"课程挂钩，改为"城市设计课程作业交流和评优"。2013 年发布的"高等学校城乡规划本科指导性专业规范"也明确将"城市设计"课程列为规划专业必修的十门核心课程之一。2014 年开始正式将设计竞赛名称定为"城市设计课程作业评选"，并要求在选送竞赛作品的同时附上"城市设计"课程的教学大纲及设计任务书以备审查。

"城市设计课程作业评选"也成为目前城乡规划专业规格最高、最为规范、受认可度最高的一门设计竞赛。近年来，各校参赛的热度也越来越高，每年都有200余所高校选送作品参赛，各校参赛作品选题越来越丰富，所展现的设计思路越来越成熟，技巧越来越熟练，校际间的水平也越来越接近。这体现了整个"城市设计"课程的发展走向成熟，也说明竞赛将越来越激烈，获奖将越来越难，对今后的"城市设计"课程的授课也带来了更高的要求。

而无论是"城市设计"课程的基本要求还是设计竞赛的导向，实际上都需要我们在以下几个方面有着进一步的强化：

（1）对"城市设计"概念的了解和理解。

（2）对"城市设计"目标的深层次思考和探索。

（3）对设计场所的调研和问题梳理。

（4）对空间设计方法的掌握。

（5）对方案图纸的准确表达和综合表现。

这也是编写本书所希望给大家带来的帮助。接下来也将从这几个方面为大家简单地讲述一下如何做好一份"城市设计"课程作业。

二、什么是"城市设计"

城市设计首先需要思考的一个问题就是：我们需要一个什么样的城市。这是一个需要带着价值观去讨论的问题，也许也是关于城市设计最重要的问题，同时也是一个没法完美回答的问题。因为不同的时期和不同的人所认同的答案都不同，所以这个问题更多的不是需要做出回答，而是需要同学们用自己的实践去不断地探索和思考。

同时，对于一个"城市设计"而言，价值观问题也不是由规划设计者单方面决定的，每位同学都应该积极地去理解城市设计的价值观问题和参与相关的讨论，但也须明白价值观问题本身远超出我们的专业学习范围。专业学习更多还是回到"城市设计"本身的技术问题。

那么，什么是"城市设计"呢？

关于城市设计的概念，学术界的认识及理论研究非常多样，但就定义而言有其不明确性。

就官方定义来看，《大英百科全书》认为"城市设计"是指为达到人类的社会、经济、审美或者技术等目标而在形体方面所做的构思；而《中国大百科全书》给出的定义则是："城市设计"的任务是为人们各种活动创造出具有一定空间形式的物质环境，内容包括各种建筑、市政设施、园林绿化等方面，必须综合体现社会、经济、城市功能、审美等各方面的要求，也称为综合环境设计。

当前学术界的基本共识是："以城市的形体环境（physical environment）为研究形象，通过对城市环境三维的空间设计，来指导城市环境元素的进一步提升。"

从其狭义的工程实践性界定来看，从城市总体规划到工程单项设计过程中，城市设计原则贯彻始终。而从广义的各种理论性研究的描述来看，城市设计有着模糊的外延。因此，建筑学、城市规划与景观园林三大学科都认为城市设计属于自己的学科范畴；同时，社会、经济、文化等多领域也与城市设计密切相关。

因此，可以认为它是处于城市规划与建筑学以及景观园林之间的一门学科。主要是对城市形体环境，即三度空间进行设计，同时与城市的社会、经济、文化发展密切相关。

其包括内容可表现为：

（1）过程形态，从城市总体规划到工程单项设计过程中，城市设计原则贯彻始终。

（2）整体形态，四个主导学科即建筑学、城市规划、园林及环境设计、景观学之融合。

但概念仅仅是认知"城市设计"的一个基点，想要真正认识和理解"城市设计"，则要学会从三个角度进一步认知，把城市设计放在学科之间看；把城市设计放在历史发展上看；把城市设计放在中西差异中看。

1. 把城市设计放在学科之间看

（1）城市设计与城市规划。关于城市设计与城市规划的区别，我国学者已经做了不少分析和比较。不过，从学科角度看，目前的讨论尚流于描述性陈述，还未从历史渊源、历史进展及其学科作用演化等纵向维度上进行系统的阐释，尤其是未把它们置于现代城市建设发展的大背景中进行分析。

两个词都具有模糊的外延。

从发展历史上看，工业革命以前，城市规划和城市设计多以物质空间的规划和布置为主。20世纪70年代以后，城市规划的重点由工程技术到偏向经济发展规划，再到今天经济发展、工程技术与社会发展并举。

从分工上看，今天城市规划的重点是以区划（Zoning）为代表的法规文本体系的制定和执行，以使城市规划更具备操作性，并进入社会运行体系。而城市设计则是使城市规划的内容更为具体和形象化。环境效益是城市设计追求的主要目标。

从联系上看，在对象界定上，城市设计和城市规划所处理的内容接近，或者说衔接得非常紧密而无法明确划分开来。在编制城市规划的各个阶段，都应运用城市设计的方法，综合考虑自然环境、人文因素和居民生产生活的需求。

（2）城市设计与建筑设计。建筑群体环境是城市空间中最主要的决定因素之一。城市中建筑物的体量、尺度、比例、空间、造型、材料、色彩等都对城市空间环境有直接的影响。因此，城市设计的研究虽然不直接设计建筑物，但在一定程度上将建筑形态及其组合作为工作的重点之一。

广义上讲，与城市设计关系密切的建筑群体还应包括城市环境中的重要构筑物，如电视塔、水塔、桥梁、堤坝等。

从空间形态上看，城市设计与建筑设计的工作内容和范围呈现出整体连续性的关系。建筑立面是建筑的外壳和表皮，又是城市空间的内壁。

2. 把城市设计放在历史发展上看

真正意义上的城市设计其实是在工业革命之后才见雏形，可以追溯到奥斯曼（Baron Georges-Eugène Haussmann）的巴黎改建与芝加哥"美化城市景观"运动。

早期的城市设计应该是从人的感受出发的一门设计科学。而城市规划则更强调以上帝的视角进行理性分析，重视数据与理论。

传统的城市设计注重理想的空间图景的描绘，不注重具体的营造过程。但目前越来越多的人开始关注营造的过程，以及将理想空间方案变成现实的原动力，甚至以此作为设计的出发点。这就使得城市设计方案落地实施的概率大大增加。

城市规划不仅描绘理想的土地使用状态，也提供落实的法律保障。但仅仅靠法律保障是不够的。计划经济思维残余与过时的编制规范，再加上城市规划的政治工具属性，使规划师精英意识下的规划成果并不能很好地和市场需求相结合，导致了规划的部分失效。好在目前的趋势是很多规划趋向关注对市场的调研与经济形势的分析，因此，可靠性越来越强。还有很多其他学科同时影响着二者的发展，导致学科间的界限越来越模糊。

而当代中国的城市设计，存在一个特殊的城市规划建设体制中地位的问题。中国城市建设的法定依据是城市规划，以前讲城市规划的各种不同层次中虽然都有城市设计的内容，但是城市设计并没有表达在《城乡规划法》当中，而与此相悖的事实是，各地非常热衷于城市设计，很多城市将城市设计作为城市建设发展和提升城市环境品质的重要工具。

3. 把城市设计放在中西差异中看

在当代的中国，城市规划有建筑学传统，规划文件中一直就包含了大量的设计内容。而西方国家的城市规划文件包含更多公共政策和法规安排，因此，对他们而言，这两个概念的差别比较显著。

跟国外的城市设计的不同，在于中国的城市设计法定实施的渠道只有两条，一是通过具有明确业主的城市建筑群和建筑综合体实施，二是依托城市规划经由政府批准实施。

对城市设计的教育而言，中国三个一级学科（城乡规划学、风景园林学、建筑学）同源。虽然 2011 年的学科调整把城市设计放到建筑学下，但是从中央城市工作会议看，城市设计无疑还是从属于城市规划项目类别的一个新增项。欧美国家的城市规划教育脱胎于建筑学，发展到后期实际是变得相当注重社会科学了。美国很多学校的规划系其实是设在公共政策学院下面的。本科的规划教育课程内容包括了经济学、地理学、社会学乃至统计学的内容，对设计反而不是特别强调。

从发展阶段上看，中西虽然日渐接近但中国仍有滞后现象。从彼得·霍尔（Peter Hall）《明日之城》当中的描述来看：1955 年毕业的规划师趴在图板上，画着红红绿绿的用地示意图；1965 年毕业的则借鉴系统论，建立数学模型，计算交通与用地模式；而 1975 年毕业的则与各种社区团体彻夜畅谈，组织居民抵御外界的"入侵"，看似成了"地方政治家"。

而在中国，1952 年全国高校院系调整时，同济大学创办了国内第一个城市规划本科专业。1956 年，清华大学和当时的重庆建筑高等专科学校以建筑学为学科基础设立了城市规划本科专业。20 世纪 60 年代，城乡规划专业引入了人文地理及其他社会学科；70 年代融入了资源环境和生态学科，公共管理也被大量运用；90 年代开始应用地理信息系统和信息技术。目前的大部分城市设计，仍处于城市规划思想史中的"理性规划"阶段，遵循调查—分析—规划的框架。目前虽然在大力提倡公众参与，但缺乏基础土壤，更多还是流于形式。

关于什么是"城市设计"，吴良镛先生认为，城市设计在实际工作中必须填补城市规划与建筑设计之间中间环节的真空，同时为个体（群体）的建筑设计提供条件，有助于整体考虑设计问题，并启发构想。

王建国院士也提到这几个概念的区别与联系，他认为：

城市规划——社会、经济、空间发展协同。法条为基础，协调是核心。

建筑设计——满足业主要求，因设计师而异。功能和原创是关键。

城市设计——面对多重业主的环境和特色营造。兼具功能和原创。

按照王建国院士的观点，城市设计其实是糅合了建筑设计的功能性和美学含义，又包含了城市规划所强调的相互协同性。

三、"城市设计"的目标、任务及方法

关于什么是城市设计，虽然在不同的时代，其含义在不断变化；对于中西不同国家，其意义也不尽相同。从不同学科来看，对其认识也不一样，但是，城市设计总有不随时代、地域、潮流而变化的一些基本特征。

首先，城市设计的目标应该是提升城市品质。

我觉得城市品质可以从四个方面去理解，即通常所说的城市设计四大目标：宜人，活力，生态，特色。

1. 宜人

城市品质在于人的生活品质。

城市品质跟我们的生活息息相关，是生活与场所的统一。我们要什么样的生活，要有相应的场所跟它相匹配，能符合生活的需求。

2. 活力

城市品质是城市品质是城市的功能效率。

运转效率与物质空间形象的统一。也就是说，如果我们将城市看作一台机器，那么，在里面所有的运转都是职能的运转问题。物质空间的环境形象需要有效地支持城市功能的顺畅运转。

3. 生态

城市品质是生态景观。

城市以占有资源为本质特征，自然资源与城市景观相互协调。因此，城市的品质应该强调自然和人工之间的统一。

4. 特色

城市品质其实是人文情怀。

城市是文明的表征。城市设计虽说是城市文明的表征，但城市设计是无法全盘解决城市文明问题的，因为城市文明是由很多方面构成的，设计只能解决其中的一部分，甚至我认为是很小的一部分。

对应城市设计的四大基本目标，城市设计的基本任务是什么？

基于对城市品质的认识，我觉得城市设计的基本任务是两件事：

（1）改善或重塑城市物质空间的结构。

（2）遴选或优化城市空间环境的元素。

其中，第一点更宏观，是承接规划；第二点更微观，是承接并指导设计。

对于第一点，改善或重塑城市物质空间的结构，实际也可以看作是指引和建立城市物质空间环境的秩序。对于中国来说，目前城市设计要解决的主要问题还是秩序问题，这可能跟欧洲或者北美如何摆脱当前强制度束缚的情况不一样。对于中国来讲，秩序依然是最基本的目标，但很多城市设计招标的文本好像不持有这样的观点。当代中国的城市设计早已超越对壮丽轴线和华美形体的肤浅追求，并非只是从视觉美化角度来对城市规划进行补充，而更要探寻城市环境中的物质空间元素因各种特定的复杂关系而形成的丰富的结构性关联，从而使城市成为促进个体间相互包容，鼓励人们多种活动交织的活力集聚场所，这就是城市设计追求的目标。

而对于第二点，城市空间环境元素的遴选与优化来自对城市几大要素进行的系统分析、整理，分别是：历史文化要素、社会经济要素、自然地理要素、建筑形态要素。

基本要素之间的组织原则，则基于前述的城市设计四大目标。

①宜人——以人为本。

②活力——整体协调。

③生态——生态优先。

④特色——个性表现。

最后，涉及的是城市设计基本要素的落地手段。对于城市建设行为来说，建筑设计最为明确，它依据施工图设计指引施工，最终达成建设行为的落地。而城市规划则存在一定争议，通常我们可以认为其根据规划法规及生成的各种条例来落实法定规划的相关内容。那么介于规划与设计之间的城市设计，困扰其的一直则是落地的问题。

通常的观点是，对于空间环境要素的具体控制方法体现在图则上。也可以换一个表述方法，城市设计就是对城市物质空间环境的秩序和关系的一种控制与引导，因此，城市设计的成果在理论上最后都通过这种"图＋文字"导则的方式来明确城市物质空间环境的结构关系。对于前文提到的城市设计两个方面的内容——城市空间结构和城市环境元素，公共的关联性设计都将通过图则提出、引导和约束。目前，随着城市设计的发展与完善，图则的形式越来越标准化。但是，过于依赖图则，也会导致城市设计的僵化。最终，图则还是为了指导城市设计的落地，其本质仍是一种表述，对于所属的设计它应该具备什么样的结构关联，其所归纳的元素跟人的城市公共行为具有一种怎样的关联性，这也是在做城市设计的过程中始终需要思考的问题。

综上所述，通过图则等表述手法明确设计者对物质空间环境的形态理解和落实对物质空间的形态设计始终是城市设计的核心。这个是城市设计要解决的主要问题，也是由它的目标所决定的。

四、场所调研的方法

城市设计做得好坏与前期对场地的调查研究深度息息相关。场地调研的任务是为了梳理现状问题，所以通常分为四个阶段：前期资料收集与准备，现场信息采集（外业），信息汇总梳理（内业），问题提出与概念推衍。

在前期资料收集与准备阶段主要工作包括：

（1）明确范围与分组（分组根据选题侧重点会有所不同，通常来说，历史文化、经济产业、交通、建筑、用地、公共服务等都是可能的分组方式）。

（2）收集对象基本情况及资料。

（3）制作调查表、调查提纲。

（4）准备装备（原则上，能够方便工作的文献图籍、文具器材、特殊仪器以及维护自身健康与安全的随身装备、雨具、药品等，在满足轻便易携带的条件下，都应考虑配备）。

（5）小组分工（通常根据采访、拍摄、测绘三个专项工作进行小组分工）。

现场信息采集阶段属于田野调查的范畴。对前述的城市空间环境四大要素的各类信息进行文字采访记录、图（照）拍摄以及测绘等采集工作。在现场调研的过程中，同时应注意同步初填各类调查表格。

而在现场调查过程中，无论哪一方面的工作，均应注意如下几个问题：

（1）入乡随俗，适应环境并尊重当地居民的社交习俗。

（2）讲究方法，保证采集的信息全面并兼顾效率。

（3）注意安全及个人形象。

其中对于信息采集的方法，以建筑普查为例，由于工作量最为巨大，其信息录入尤为重要，也最为繁复，尤其如果遇到历史建筑，应该如何有序有效地进行拍摄工作就显得更为重要。遇到古建筑，拍照大体上可参照"先整后单，从外至内，主次分明"的原则，具体可参考如下次序：

（1）先整体后单体。

整体，即整个建筑群，或是单体建筑的全景印象。拍摄者首先应对拍摄对象作整体考察，明确建筑（群）

的规模。如有可能，选择旁近较高点（如坡地，或邻房高处）拍摄建筑（群）的俯瞰图。

（2）从外观到内部。

在整体考察建筑（群）后，开始进入平视点对建筑拍摄。外观拍摄线路可依照"正立面→斜侧面→侧立面→背立面→侧立面"的顺序。

对单体传统建筑，拍摄建筑外观后，直接进入主屋内拍摄梁架结构、主屋正面供奉的神龛。对建筑群，则进入院落后，首先环绕建筑院落一周拍摄。以一进院落为例，先拍摄建筑主屋正面，拍摄两旁侧廊或者厢房正面照片；接着面向大门往外拍摄，再拍摄门房、照壁方向，再拍摄院落地面铺地和下水道情况；最后再进入主屋开始上一步的单体拍摄。有多进院落也按照同样顺序循环推进拍摄。

（3）主次分明。

在拍摄工作中遵循先主后次的顺序，如：主屋→厢房，梁架→门窗。特别对有损毁情况的建筑，首先要保障拍摄对象核心信息的收集，在此基础上丰富资料库。如拍摄一进院落里建筑的细部、构建照片（拍摄门额、特别的砖雕石雕、檐头雕刻、檐下彩画、门枕石、门窗细部等）。

外业工作结束后，将外业阶段所获得的原始信息按专题进行整理与归档则是内业阶段的任务。其过程分为信息数字化处理、编号、填表归档三步。体系化的编号与归档方式在这一步工作中就显得尤为重要。体系化的归档不但可以避免信息流失，也可以令工作效率更高。

另外，值得一提的是，除了采用传统方式的场地调研，今天利用大数据（如公交刷卡数据等）或者开放数据（如社交网络数据及地图平台数据等）辅助前期调研及现状分析也变得越来越普遍。而除了从自然科学引入的量化研究方法，社会学的质性研究方法也越来越多地被引入规划设计中，这都是在前期调研中需要了解并可以进一步学习利用的方法。

最后阶段是问题提出与概念推衍，这是衔接调研与设计的关键环节。前期调研负责提出问题，而后面的城市设计则需通过空间设计的手段去解决问题。

综上，场地调研的关键始终需要有一双发现问题的眼睛，从准备工作开始需要预设问题，外业调查要关注问题和发现新问题，内业工作总结问题，概念推演提炼问题。但需要提醒的是，我们可以预设问题，但不能预设立场；也并不是所有问题都能找到答案，我们带着问题只是为了更全面地去了解和接近调研的对象。

五、"空间形态设计"的方法

前文讲到，前期调研负责提出问题，而后面的城市设计则需通过空间设计的手段去解决问题。而无论提出问题还是解决问题，其落脚点都在于如何将问题转译为空间形态的"语言"，这也是城市设计的关键难点。可以说，城市设计的基本专业能力可以归结为两个：前期（研究）就是对于城市空间的形态认知能力；后期（设计）则是对于城市空间的形态设计能力。而后期的空间形态设计又可以归纳为两步：一是通过形态提炼进入空间设计（破题），二是通过形态演化进行空间设计（答题）。

因此，我们的城市设计是从形态的描述开始，经过分析、了解背景，明确问题，最终以空间设计为落点。能否通过空间设计回应问题才是城市设计最终的评判标准。在这一过程中，始终会遇到一个无法回避的难点，就是如何掌握空间形态的"语言"。

这种"语言"就是贯穿于各种尺度之间的城市形态学，也是城市设计的基本知识内核。正如城市设计是一门正在发展完善的学科一样，城市形态学也是一门尚未完善的知识体系。有一部分内容在之前城市规划的其他课程中会有所涉及，但都不完整。如中山大学的规划教学中地理特色很强，基于地理学的城市规划课程，如城市地理学也会经常讨论城市形态学，但是那个城市形态学基本上只讲城市的规模和边界轮廓几何特征的变化，并非一个完整的城市形态学。而传统的建筑学教育，很多设计课题对环境的认知很少会超出四个相邻的街区，有的甚至不会有愿望去认知规划所给的红线范围之外的城市情况。这时候形态学就被限制在建筑群的颜色、符号、材质、建造年代、周边景观等方面，也不是一个完整的城市形态学。

真正完整的城市形态学应该包括大到城市群之间的区域关系，小到包括人的视觉可触及、可感知的物质空间，是纵观多重尺度的城市形态的认知方法。具体而言，可以归纳为两种形态认知的分析方法。

1. 形态认知的两种分析研究方法

第一种城市形态的研究方法可以称之为描述性分析（或者叫图形抽象诠释）。

简单说来，就是把"形态是什么"这个问题通过图形本身展示出来。通常，这种描述通过图形抽象呈现城市空间形态的结构、要素和历史演变。

第二种城市形态的研究方法可以称之为阐述性分析（或者叫因果选择诠释）。

简单说来，就是从其与政治、经济、文化的关联性方面揭示现实形态现象背后的复杂动因。这种认知方式的人文、经济、社会色彩十分浓厚，通常这种描述通过要素的平衡筛选会被转化并承担起价值批判的角色。

2. 形态认知的三种理论

现有城市设计中引用最多的空间形态相关理论有三种。

第一种是图底理论。这一理论主要可通过将城市中的建筑实体与外部空间分别抽象成图与底的平面关系，用以研究城市的空间与实体间存在的规律。

第二种是联系理论。这一理论通过实体空间的轴线以及视线、心理、交通、行为联系揭示城市的形体环境中各构成元素间存在的"线"性关系规律（也称为关联耦合分析）。

第三种是场所理论。这一理论是把文化、社会、自然和人的需求等方面加入到城市空间研究中。

从前面所说的两种分析研究方法来看，这三种理论中，图底理论与联系理论属于图形抽象诠释，而场所理论属于因果选择诠释。

综上，形态诠释基本仍是以描述性分析为基础，最终抽象转换成图形生产的机制，再辅以阐述性分析完善因果逻辑。

3. 形态设计的三种手法

城市设计的过程中，空间形态设计的手法往往正是来源于前述形态诠释的方式。好的形态设计应该是以阐述性的形态诠释为其内涵，以描述性的形态诠释为其原型。在原型的基础上进一步推衍指引空间设计。而这种基于原型的推衍设计往往可以归为三种手法。

（1）原型的理想化与变形化。

所谓的原型，就是通过研究经验被总结、被抽象、被理论化了的某种构型。在城市设计中，往往通过运用这些原型，或是增加建筑，或是增加外部空间，或是通过空间轴线连接，或是通过建筑群（肌理）联结，完成了原型的变形，达到更理想的城市空间形态。这也首先需要设计者有所积累和储备大量的原型图库，还要有正确选择原型的本领。

（2）原型的拼贴与镶嵌。

第二种手法要稍微复杂一些，可能需要选取两种或者两种以上的原型，将其在空间上进行拼贴或是镶嵌。

很多案例也是通过这一手法将原有场地上的两套空间逻辑或是不同肌理统合起来。

（3）原型的分层与叠加。

第三种手法则更加复杂，常常是在城市本身的历史层级或者文化元素十分丰富的情况下，须厘清各要素之间的关系时用到。分层法通过单要素或者单历史时段的分层抽象可以分析出城市原有空间中的缺失或者盲点，将其分层优化后，再通过原有逻辑将其叠加复合。在把不同形态的分层合并的时候往往又会遇到很多元素相互抵触的问题，这时候层与层之间的元素选择就变得很重要。

最后，原型就像武功招数，怎样运用，或者如何达到无招胜有招的境地，就如同设计者面临不同的项目现状如何选择分析方式及设计手法一样，最能反映其专业素养。

六、方案图纸的准确表达和综合表现

城市设计最终完成得好或坏，除了方案设计的高下之外，还与图纸的表达有很大的关系。

《城乡规划本科指导性专业规范》对于城市设计的作业提出以下四大要求：解读现状（调研），分析问题（策略），设计目标（设计），方案表达（表现）。

每年的城市设计竞赛评分机制也对应分设以下四个部分：

选题（10%）：应景、规模

分析（25%）：准确、系统

设计（45%）：切题、落地、美感

表达（20%）：规范、艺术

而从实际的情况来看，其实表达部分对最终结果的影响因子远远不止表面写出来的20%那么简单。因为，表达如果不过关，会大大影响评委的感受，甚至得不到评委认真看方案的机会。那么，表达如此重要，需要我们注意哪些具体的内容呢？

第一，表达与表现的根本在于"换位思考"。所谓的"表达"，一个是"表"，一个是"达"。"表"是自我的表述，"达"是观者的感受。如果自我的表述不能传递给观者，那么就仅仅只是表述而没有完成表达。因此，最终在方案呈现的环节，一定要学会转换到他人的思维角度。

第二，对于城市设计而言，表达与表现的根本就是用"图"说话。因为一切最终都通过图纸来评判，对于图纸而言，表达与表现就转换成了通常所说的三大要求：

准确——图纸"规范性"

清晰——图纸"可（速）读性"

美观——图纸"艺术性"

1. 准确——图纸的"规范性"

对于"准确"这点而言，首先是制图工具的选择。使用矢量图制图工具是达到制图准确的前提条件，也就是我们经常说的，矢量图才是技术性图纸的根本（尤其需要在线型、尺寸上下功夫）。

其次，对制图工作而言，底图是成功的一半。必须在工作之初，就对工作底图的图层进行清理与规划，这样才能保证工作的后续进行、方案的修改及合作的配合。

此外，还需要注意的三点是：一定要用不同的图说明不同的问题（排除干扰因素），切忌各种问题堆砌在一张图上说明；要严格遵循标准的符号和读图习惯；技术指标一定要认真计算，设计说明要"诚实"而不浮夸。

2. 清晰——图纸的"可（速）读性"

对于"清晰"这点而言，须再次强调"换位思考"的重要性，一定要转换到读图人的思维才能做到图纸清晰可读。尤其在今天的社会，不仅要可读还须方便"速读"。

这就需要在排图时注意三个问题：

首先，最常见的问题是图面太满。很多同学在最终呈现时习惯于将自己设计时的所有思考都列于图纸上，这往往对读图人造成了很大的干扰。所以最终表达一定要"舍得"，学会取舍，尤其文字不宜过多。

其次，除内容取舍之外，对于排版而言，图纸顺序是成功的一半（讲究开门见山，起承转合）；图纸等级区分是成功的另一半（大图小图要区分合理）。

最后，每一张分析图也都要亲切宜读。近年来竞赛作品中分析图也日趋出现了空间立体化、数据图表化、标注图案化等新风格。

3. 美观——图纸的"艺术性"

对于"美观"这点而言，须在分割结构、搭配色彩、思考图解三方面下功夫。首先，在图纸结构上，要灵活使用"T"字形结构与"C"字形结构，合理搭配大图与小图，做到构图均衡。其次，要合理根据自己的设计风格在版式上选择冷色调、暖色调、单色系或是多色系，做到色彩干净。最后，在图解上要更多引入新颖的手法风格，做到细节上出亮点。

综上，"图"的本质是思维投射的结果，因此，它像思维一样具有发散性和叙述性。"图"本质上也是交流的工具，有其对象性，因此，面对不同的对象，同行、公众、企业或政府各有不同的绘图逻辑。"图"本质上还是自我的展现，有其目的性，因此，不同的制图目的决定了其展现的内容。最后，"图"其实是尚未发生的现实，因此，它依赖设计解决现实问题，但也不应该被设计完全限制。

七、历届城市设计竞赛常见问题

最后，根据历届规划教育年会上对城市设计竞赛的常见问题汇总如下，希望同学们在之后的作业和竞赛中能引以为戒。

（1）作业过于程式化、模式化、套路化，受过去获奖作品影响大。

（2）作业过于注重图面表现，追求新奇特炫，忽略了对城市设计目标深层次的思考与探索。

（3）作业对现状信息表达不完整，现状图表达不清晰。

（4）作业在城市结构、交通功能组织上不合理，有指标性错误。

（5）作业在空间组织和表达的综合能力上有所欠缺。

本书的编写，也是希望可以通过对历届城市竞赛优秀作品的回顾，帮助同学们把城市设计作业做得更好。

王劲

2018 年于康乐园

"城市设计"课程优秀作业回顾

全国高等学校城乡规划学科专业指导委员会 2013 年年会主题为："美丽城乡，永续规划"。本次城市设计课程作业评选将围绕这一年会主题展开，要求参赛者以独特、新颖的视角解析年会主题的内涵，以全面、系统的专业素质进行城市设计。[①]

设计主题

专指委指定大会主题，不指定评选作业的题目；各学校可围绕"美丽城乡，永续规划"的年会主题，自行制定并提交《教学大纲》，设计者自定规划基地及设计主题，构建有一定地域特色的城市空间。

成果要求

（1）用地规模：5 ～ 20 公顷。

（2）设计要求：紧扣主题、立意明确、构思巧妙、表达规范，鼓励具有创造性的思维与方法。

（3）表现形式：形式与方法自定。

（4）每份参评作品需提交：

　　①设计作业四张装裱好的 A1 图纸（84.1cm×59.4cm）。

　　②设计作业 JPG 格式电子文件 1 份（分辨率不低于 300dpi）。

　　③设计作业 PDF 格式电子文件 1 份（4 页，文件量大小不大于 10M，文字、图片应清晰）。

　　④教学大纲打印稿和 DOC 格式电子文件各一份。

《教学大纲》质量、大纲与设计作业的一致性、设计作业质量均作为评选内容。

参评要求

（1）参与者应为我国高等院校城乡规划专业（原城市规划专业）的高年级（非毕业班）在校本科生，每份参评方案的设计者不超过 2 人。

（2）参评作品必须为参评学生所在学校本学年的一份正式规划设计的课程作业。

（3）参评作品和教学大纲中不得包含任何透露参评者及其所在学校的内容和提示。

（4）每个学校报送的参评作品不得超过 3 份。

（5）参评作品必须附有加盖公章的正式函件，同时寄送至本次评优活动的组织单位，恕不接受个人名义的参评作品。

① 2013 年"美丽城乡，永续规划"主题的城市设计课程作业评选最终收到来自 76 所参赛院校的作业 215 份，其中违规 10 份。

浇筑城乡——寻找城市的自然性

中山大学获得佳作奖一份
作者：谢湘曼　蔡天抒

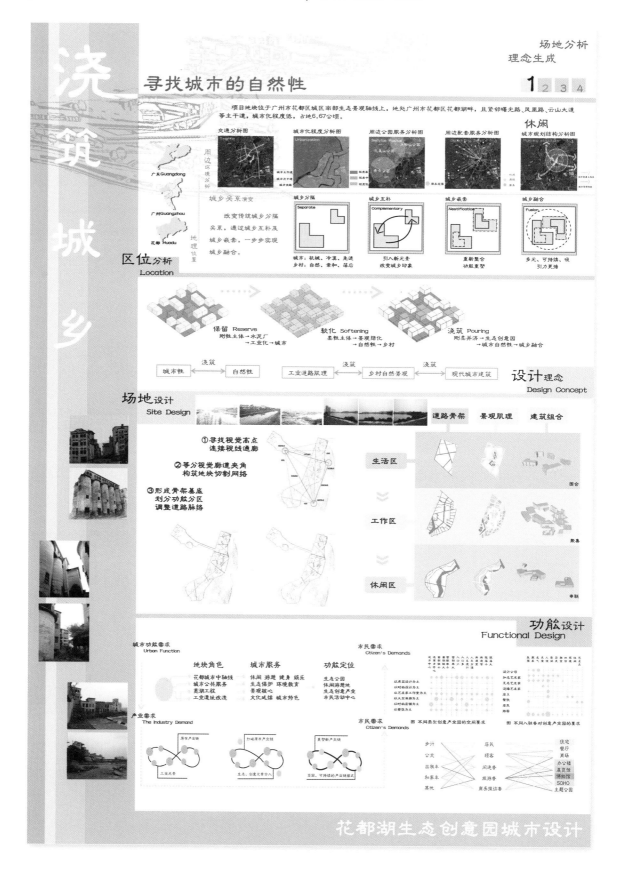

浇筑城乡

寻找城市的自然性

方案平面
要素分析

1 **2** 3 4

本设计以折线作为基本设计元素，通过"视觉高点连接形成视线通道"原理，切割地块划分为居住社区、生态创意园、城市公园三个主题区，在工业化道路肌理的底图上浇筑乡村自然景观，将乡村的自然性浇筑到城市的工业性上，促进城乡互补，永续发展。

要素图底分析

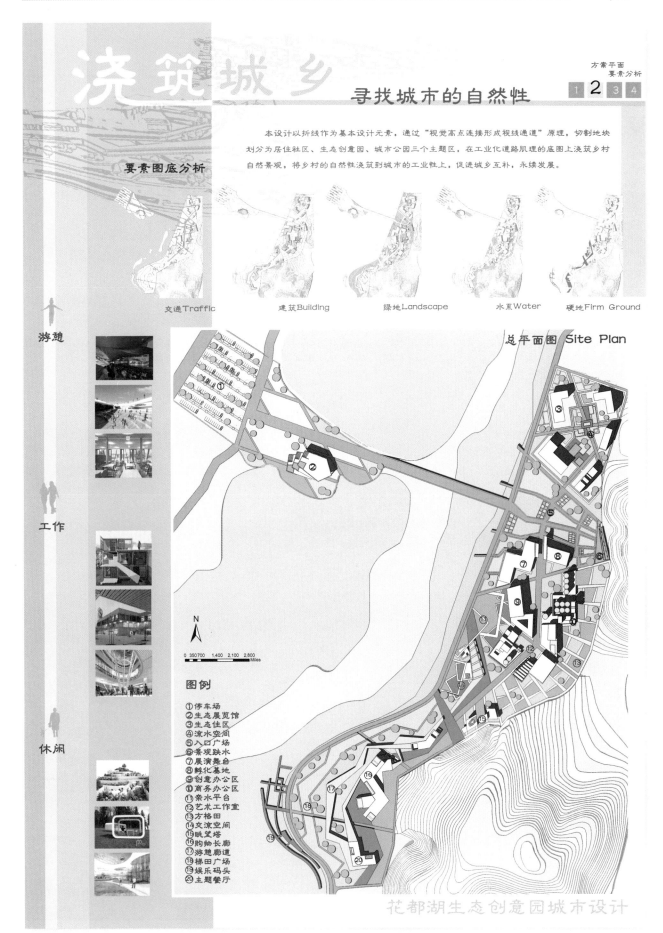

交通Traffic　　建筑Building　　绿地Landscape　　水系Water　　硬地Firm Ground

游憩

工作

休闲

总平面图 Site Plan

N

0 350 700　1,400　2,100　2,800
Miles

图例

① 停车场
② 生态展览馆
③ 生态住区
④ 滨水空间
⑤ 入口广场
⑥ 景观跌水
⑦ 展演舞台
⑧ 鲜化基地
⑨ 创意办公区
⑩ 商务办公区
⑪ 亲水平台
⑫ 艺术工作室
⑬ 方格田
⑭ 交流空间
⑮ 眺望塔
⑯ 购物长廊
⑰ 游憩廊道
⑱ 梯田广场
⑲ 娱乐码头
⑳ 主题餐厅

花都湖生态创意园城市设计

浇筑城乡

居住空间

将岭南水乡特色景观化用于工业肌理之上，以刚劲的线条重塑自然水乡的柔美，打造依水而居、尺度宜人的生态住区。

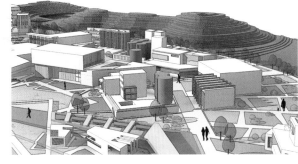

工作空间

在变化的线条分割中，寻找具有相同构成要素的自然景观，将自然融于工业遗产中，用乡村生活浇筑工业遗迹，创造水泥之上的新芽，工业之上的新生。

设计手法

抽象手法

水泥生产过程→曲线预构化→解构分解→塑料注成

建筑构件建设模型→浇筑原型→打散碳化→碎片重注

四边形
(矩形、梯形)

五边形
(矩形+梯形)

六边形
(矩形+2+梯形)

八边形
(3/L形+矩形)

建筑浇筑

浇筑概念强调新建筑以老建筑为原因而存在，以补景面貌融入地块。新建筑的被动介入更突出老建筑，使老建筑成为城市地块核心。室内外空间功能互换，老建筑被置换成室外公共空间，原来的室外空间被浇筑成新的使用空间。

具体手法

保留旧建筑
提取工业遗产

浇筑新建筑
形成围合空间

植入绿地
添加路径
构筑公共空间

休闲空间

将自然与非自然的碰撞产生的趣味性应用到空间之中，用自然丰富建筑，用建筑改善游览体验，打造城市之中的闲适田园。感受集科教、游憩、休闲、文教、娱乐、购物于一体的城市休闲地。

指导老师点评：

　　该组同学在设计过程中思路清晰，推进有条不紊。最后的设计完成度较高，场地设计构成感很强，这也是早几年优秀城市设计作业的共同特点。图纸最终的表达思路也很清晰，分析图不多但结构明了；版面设计及效果图表现均选取了清新却不孤傲的风格，给人以亲切感。这在早期城市设计作业多黑底、追求构图感的排版风气中是一股清流，这也是其最终能在几份作业中脱颖而出的原因。

多重曝光的城市印象

中山大学其他选送优秀作品
作者：王博祎　彭鑫垚

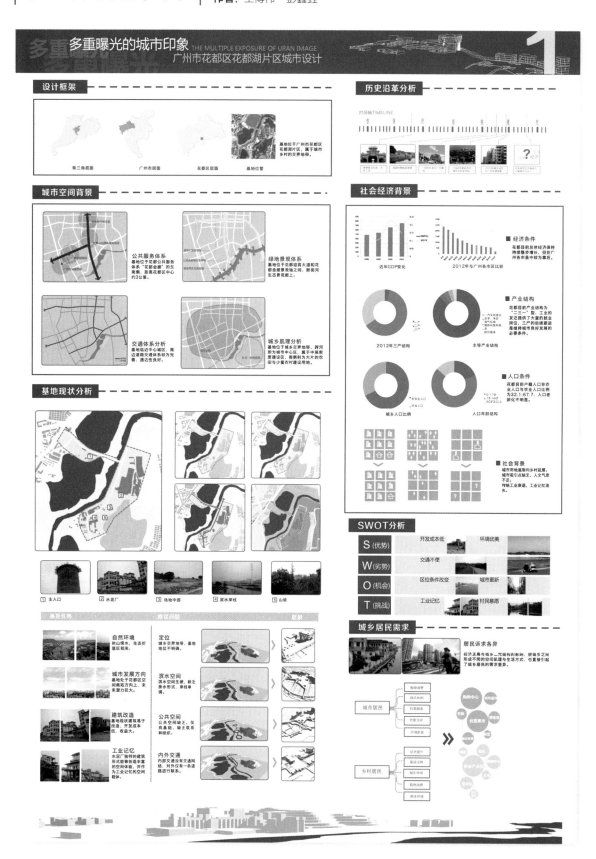

多重曝光的城市印象 THE MULTIPLE EXPOSURE OF URAN IMAGE
广州市花都区花都湖片区城市设计

设计框架

设计理念

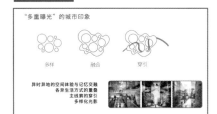

"多重曝光"的城市印象

多样　融合　穿引

异时异地的空间体验与记忆交融
各异生活方式的重叠
主线索的穿引
多样化光影

发展趋势

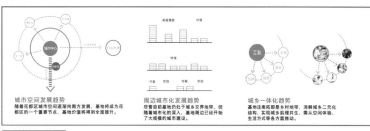

城市空间发展趋势
随着花都市城市空间逐渐向南方发展，基地将成为花都区的一个重要节点，基地价值将得到全面提升。

周边城市化发展趋势
尽管目前基地仍处于城乡交界地带，但随着城市化的深入，基地周边已经开始了大规模的城市建设。

城乡一体化趋势
基地往南拓即是乡村地带，消解城乡二元化结构，实现城乡肌理共生，从空间体验、生活方式等各方面推动。

定位与目标

休闲　产业　娱乐　生态　购物

花都区重要文化中心，在城市空间南拓的重要节点和触媒，以基础设施先行带动城乡建设的推进。

设计策略

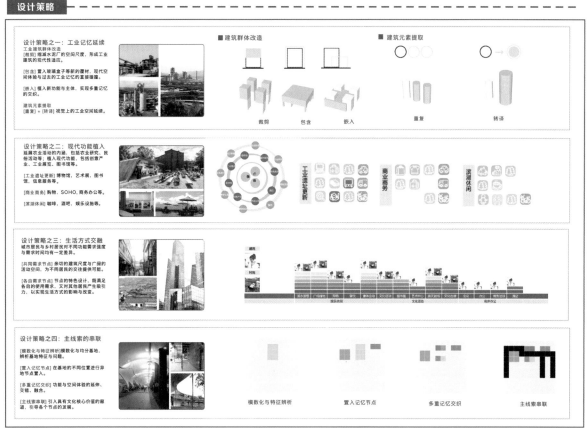

设计策略之一：工业记忆延续
工业建筑群体改造
[裁剪] 缩减水泥厂的空间尺度，形成工业建筑的现代性适应。
[包含] 置入玻璃盒子等新的覆材，现代空间体验与过去的工业记忆的直接碰撞。
[嵌入] 植入新功能与主体，实现多重记忆的交织。
建筑元素提取
[重复]+[转译] 视觉上的工业空间延续。

■ 建筑群体改造　　　■ 建筑元素提取

裁剪　包含　嵌入　　重复　转译

设计策略之二：现代功能植入
延续农业活动的内涵，包括农业研究、民俗活动等；植入现代功能，包括创意产业、文化展览、图书馆等。
[工业遗址更新] 博物馆，艺术馆，图书馆，信息服务等。
[商业商务] 购物，SOHO，商务办公等。
[滨湖休闲] 咖啡，酒吧，娱乐设施等。

工业遗址更新　商业商务　滨湖休闲

设计策略之三：生活方式交融
城市居民与乡村居民不同功能需求强度与需求时间均有一定差异。
[共同需求节点] 亲切的建筑尺度与广阔的活动空间，为不同居民的交往提供可能。
[各自需求节点] 节点的特色功能，既满足各自的使用需求，又对其他居民产生吸引力，以实现生活方式的影响与改变。

设计策略之四：主线索的串联
[模数化与特征辨析] 模数化与均分基地，辨析基地特征与问题。
[置入记忆节点] 在基地的不同位置进行异地节点置换。
[多重记忆交织] 功能与空间体验的延伸、交错、融合。
[主线索串联] 引入具有文化核心价值的廊道，引导各个节点的发展。

模数化与特征辨析　置入记忆节点　多重记忆交织　主线索串联

场地设计策略

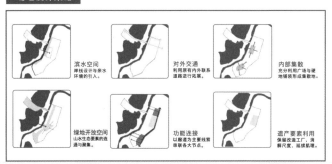

滨水空间
岸线设计与亲水环境的引入。

对外交通
利用基地内外联系道路进行拓展。

内部集散
充分利用广场与硬地铺装形成集散地。

绿地开放空间
山水生态要素的连通与聚集。

功能连接
以廊道为主要线索联系各大节点。

遗产要素利用
保留改造老工厂，消解尺度，延续肌理。

实施策略

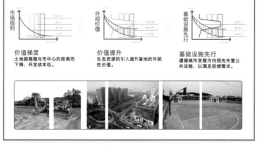

市场规则　外部价值　基础设施先行

价值梯度
土地距离城市中心的距离越远而下降，开发成本低。

价值提升
生态资源的引入提升基地的外部性价值。

基础设施先行
遵循城市发展方向预先布置公共设施，以满足后续需求。

多重曝光的城市印象 THE MULTIPLE EXPOSURE OF URAN IMAGE
广州市花都区花都湖片区城市设计

总平面图

经济技术指标：
所地重积：16.26hm²
建筑密度：21.07%
容积率：0.82
绿地率：32.61%

■ 设计说明

　　基地位于广州市花都区花都湖片区，属于城乡交界地带，具有较为强烈的转型需求。
　　本次设计以"多重曝光"为主题，以城多不同时空的生活方式、空间体验为关注重点，通过改造与延续原有工业水泥厂，植入新功能，运用连廊等线索作为串联，形成多样化的交往空间。

■ 方案分解图

建筑
改造水泥厂，提取特色元素应用于新加入建筑中，形成一定的工业肌理延续和现代肌理的交织，创造有秩序的天际线。
连廊
起主要线索之用，以串联各大建筑的核心区，同时丰富的灰空间也为人们的交往提供了可能性。
绿地
注意与基地原有环境的融合，如山水关系。
硬质铺装
形成多样化的活动场所，与绿地交错形成软硬相容的基底环境。

规划分析

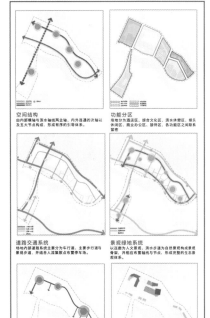

空间结构
由内部横轴与滨水轴线两主轴，内外连通的次轴以及五大节点点构成，形成有序的引导体系。

功能分区
场地划分为酒店区、综合文化区、滨水休憩区、娱乐休闲区、商业办公区、接待区，各功能区之间联系紧密。

道路交通系统
场地内部道路系统主要分为车行道、主要步行道与景观步道，并结合各大滨集散点布置停车场。

景观绿地系统
以适量亲水人文要素，滨水步道为自然景观构成骨架，并相应布置轴线与节点，形成较完整的生态景观体系。

二层连廊系统
二层连廊串联了场地内横向三大主要节点，并与纵向场地地形成空间交流与融合。

建筑层高分析
以改造中部的文化综合体为制高点，形成良好的空间序列和天际线，创造多样化的视线通廊。

主要节点放大

露天剧场　　　　滨水公园

文化综合体　　　　漂浮酒吧

综合设计

■ 工厂改造设计

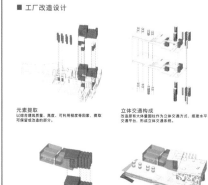

元素提取
以运合建筑质量、高度、可利用程度等因素，提取可保留改造的部分。

立体交通构成
改造原有立体建筑柱作为立体交通方式，搭接水平交通平台，形成立体交通系统。

元素重构
拆减基建筑的部分结构，植入新功能，并与其他形式的空间相组合。

改造结果
经过改造，形成多功能的复合型城市综合文化体。

■ 立体连廊设计

■ 剖面功能示意

指导老师点评:

　　该组同学的设计理念非常新颖,设计推进顺利,最终完成度也较高;在具体的建筑设计上对概念多有手法上的回应,取得了明显的效果,但也使得整个城市设计看起来偏于建筑化。从图纸表达上看,思路与结构非常清晰,分析图表达成熟;版面设计干净清爽,可惜效果图最终表现过于模型化,环境与细节表现不足。设计思路上对建筑设计的偏重及效果图表现上对场地表现的不足,易给评委留下对城市设计重点把握欠缺的印象,这也许是其在盲评过程中未能突围的原因。

廊 | 中山大学其他选送优秀作品
作者： 张梦竹　黄耀福

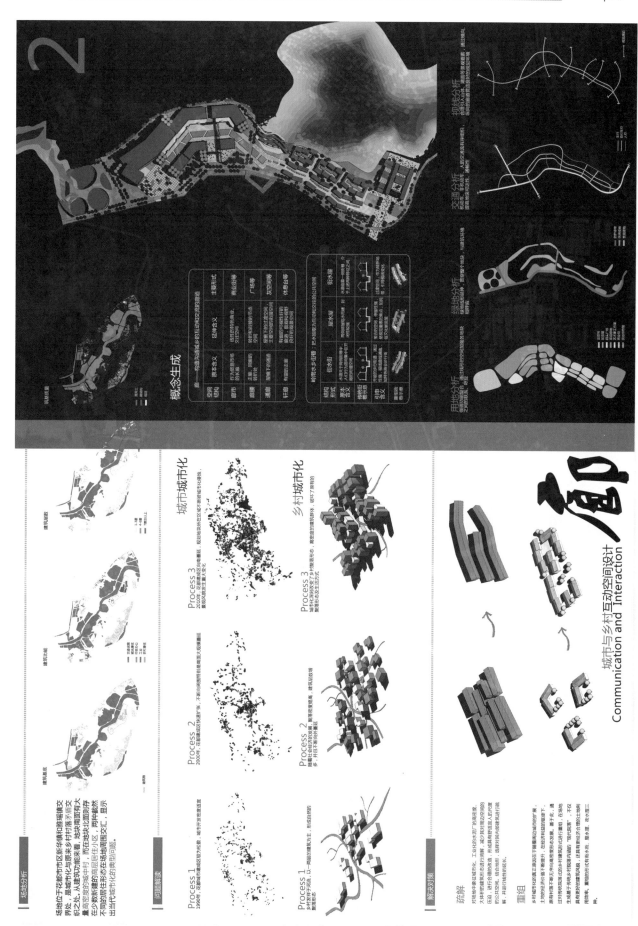

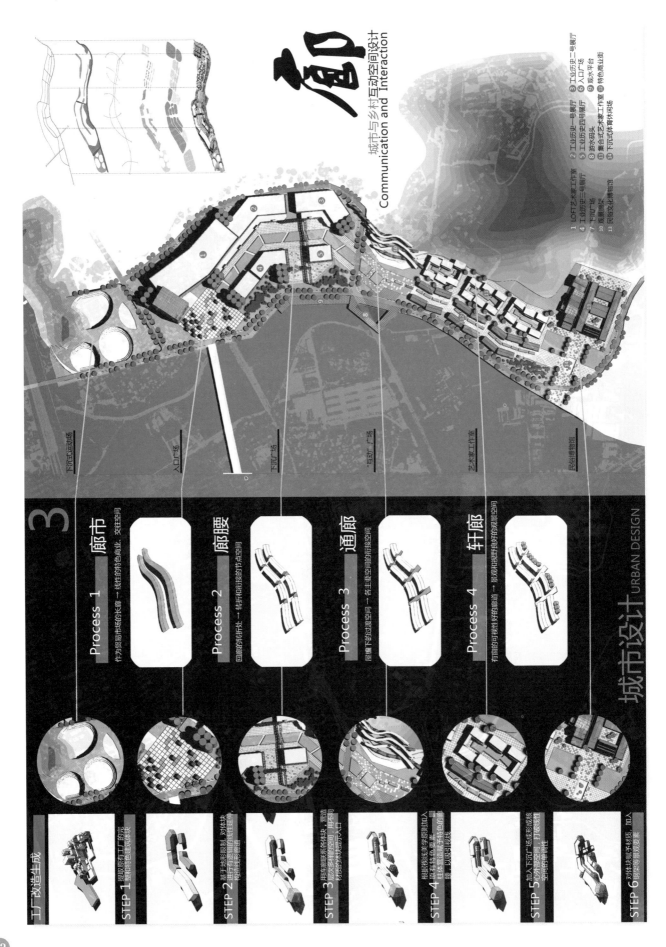

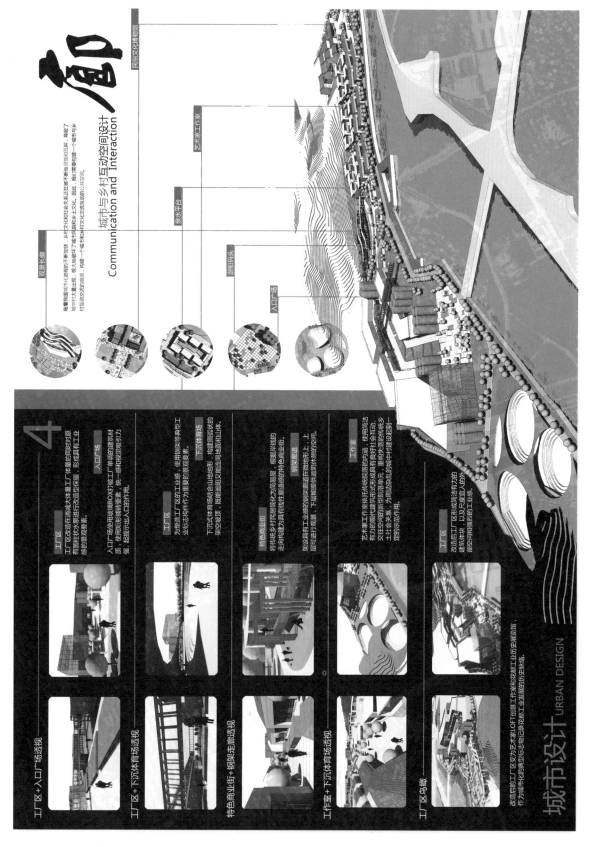

场地分析

场地位于花都市市区新华镇和雅瑶镇交界处，是城市化与原来乡村村落矛盾交织之处。从建筑功能来看，地块南面有大量高密度的城中村，而在地块北面则存在少数新建的高层居住小区，两种截然不同的居住形态在场地周围交汇，显示出当代城市化的典型问题。

问题解读

城市城市化

Process 1
1990年，花都城市建成区较为松散，城市开发密度适宜

Process 2
2000年，花都建成区快速扩张，不断向周围特别是南面大规模蔓延

Process 3
2010年，花都建成区向南蔓延，规划地块所在区域不断被城市化侵蚀，景观风貌发生重大变化

乡村城市化

Process 1
乡村发祥于河流，以一两层的建筑为主，形成自然的聚落形态

Process 2
随着社会经济的发展，聚落密度提高，建筑层数增多，并且不断向外蔓延

Process 3
城市化深刻改变了乡村聚落形态，高密度的建筑群体，破坏了原有的聚落形态及生活方式

解决对策

疏解

对场地中象征城市化、工业化的水泥厂的高密度、大体积的建筑形态进行消解，减少其对周边空间的压迫，进行合理的改造，形成具有舒适宜人的尺度的公共空间。结合地形，选择对其内部建筑进行疏解，并进行线性的延长。

重组

乡村城市化的真正原因在于随着周边城市的扩展，土地的经济价值不断提升，在经济利益的驱使下，原有村落不断无序向高密度形态发展。基于此，通过对传统院落式的乡村建筑形式进行重组，在场地生成基于传统乡村院落内涵的“现代院落”，不仅具有更好的建筑风貌，还具有更经济合理的土地利用效率。重组的形式有街水街、屋水屋、街水屋三种。

城市与乡村互动空间设计
Communication and Interaction

概念生成

廊——构造沟通城乡的互动和交流的廊道

空间结构	原本含义	延伸含义	主要形式
廊市	作为贸易市场的长廊	线性的特色商业、交往空间	商业街等
廊腰	走廊、回廊的转折处	转折和衔接的节点空间	广场等
通廊	屋檐下的通道	屋檐下的过渡空间，主要空间的衔接空间	灰空间等
轩廊	有窗的走廊	有窗的可视性好的廊道，景观和视野良好的观景空间	休息台等

岭南水乡街巷：把水抽取为互动和交往的公共空间

结构形式	街水街	屋水屋	街水屋
原本含义	水道夹于两侧街巷中，人们行为活动集中在开敞的街道空间	两侧房屋临水而建，封闭性较强	水道临靠一侧街巷，介于上述两种特征之间
传统街巷示意			
引申含义	开敞的步行街道，通过性强，视线曲线通幽，如特色商业步行街	围合的空间，停留性强，是视觉要素的焦点，如民俗文化展览馆	过渡空间，作为转折地带，引导视线变化
重组街巷示意			

用地分析
强调功能复合，通过线形的空间加强各地块之间的联系、呼应

绿地分析
绿地线形延伸，贯穿整个地块，与建筑环境相呼应

交通分析
机动车、非机动车、人的交通流有序组织，提高地块可达性、通畅性

视线分析
合理引入山体、湖面等景观要素，通过横向、纵向的廊道营造良好的视觉环境

指导老师点评：

  该组同学的设计思路很清晰，"问题分析—解决"过程明确，设计最终对主题的回应也很有体系。从图纸表达上看，条理清晰，逻辑关系很强；版面设计构成感鲜明，属于早期城市设计竞赛作品中比较常见的一种。可惜设计细节与表现深度上有所欠缺，这也许是其在盲评过程中未能突围的原因。

自然 1.5

中山大学其他选送优秀作品
作者：张飞扬　甘懿晖

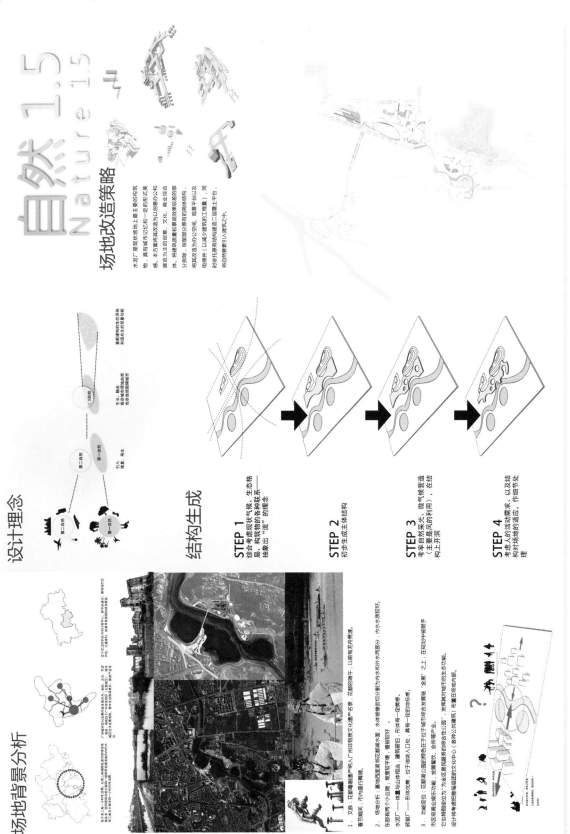

场地改造策略

水泥厂是现状场地上最主要的建筑物，具有城市记忆和一定的形式美感，本方案将其改造为以创意办公和展览为主的创意、文化、商业综合体，将建筑优质墙和景观效果较差的部分拆除，保留部分原有的墙体结构，将其改造为办公空间、观景平台以及电梯井（以减少建筑的工程量），同时依托保留有结构建造二层覆土平台，将自然要素引入建筑之中。

设计理念

结构生成

STEP 1
综合考虑现状气候、生态格局，构筑物的各种联系，抽象出"流"的理念

STEP 2
初步生成主体结构

STEP 3
考虑自然采光、微气候营造（主要是风的利用），在结构上开洞

STEP 4
考虑人的活动需求，以及结构对场地的适应，作细节处理

场地背景分析

1. 区位：花都湟湖遗产名录、广州非物质文化遗产名录、花都的绿肺，以有有无竞逐。
2. 场地分析：基地西面紧邻花都湖水面，水体植被较好分部介为内外大两部分，内为水优美区域。
水泥厂——体量与山体相当、激况现旧，形体有一定美感。
砖厂——形体优美，位于地块人口处，具有一定的地标性。
3. 功能定位：花都湖公园的特色在于以于城市综合发展整体"全图"之上，在规划中重新子市区建面山体娱乐功能、发展餐饮、会所等产业。它也特别定位为"为全区居民服务的综合生态公园"、发挥其对城市的生态功能。设计将考虑把接电电缆园的文化中心（各种公共建筑），布置在花都的内部。

自然 1.5
Nature 15

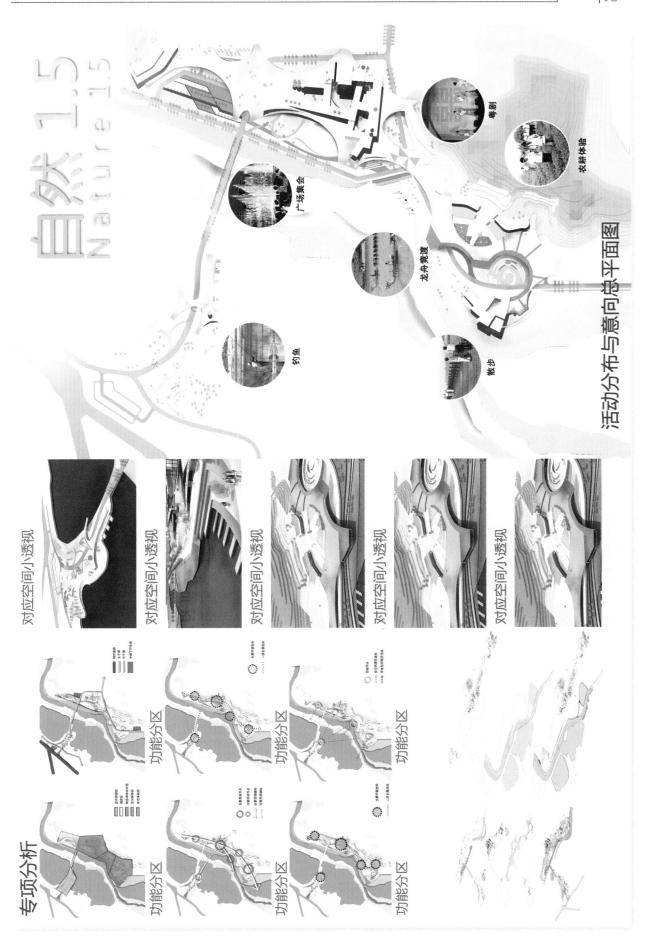

活动分布与意向总平面图

粤剧

农耕体验

广场集会

龙舟竞渡

钓鱼

散步

对应空间小透视

对应空间小透视

对应空间小透视

对应空间小透视

对应空间小透视

专项分析

功能分区

功能分区

功能分区

功能分区

功能分区

功能分区

功能分区

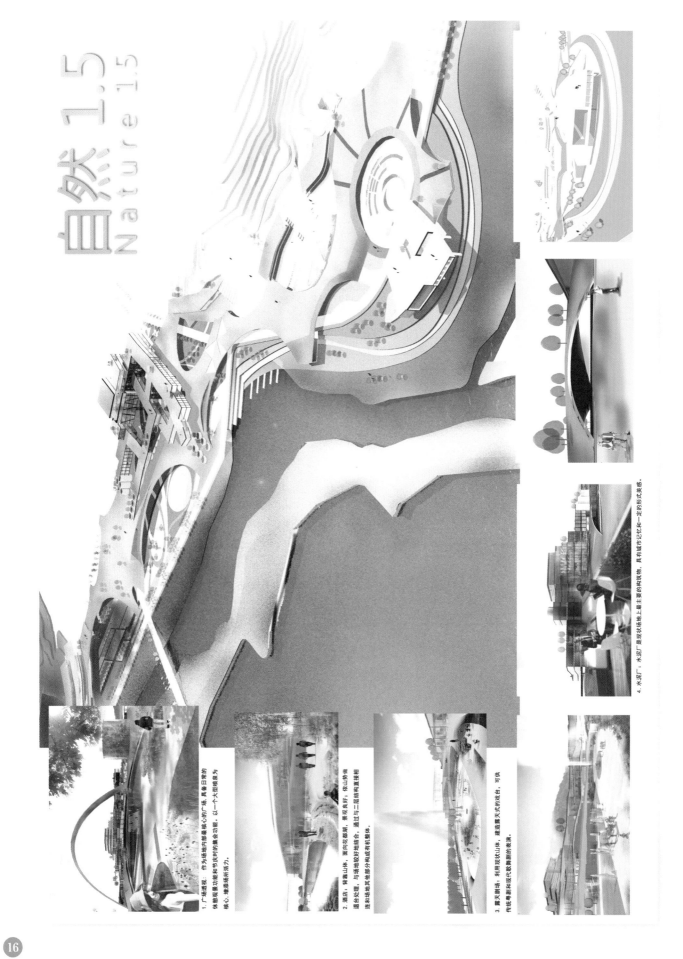

自然 1.5
Nature 1.5

1. 广场透视：作为场地内部核心的广场，具备日常的休憩观景功能和节庆时庆典的集会功能，以一个大型喷泉为核心，增添场所活力。

2. 酒店：背靠山体，面向花都湖，景观良好，依山势做退台处理，与场地较好地结合，酒店与二层结构直接相连和场地其他部分构成有机整体。

3. 露天剧场：利用现状山体，建造露天式的戏台，可供传统粤剧和现代歌舞剧的表演。

4. 水泥厂：水泥厂是现状场地上最主要的构筑物，具有城市记忆和一定的形式美感。

16

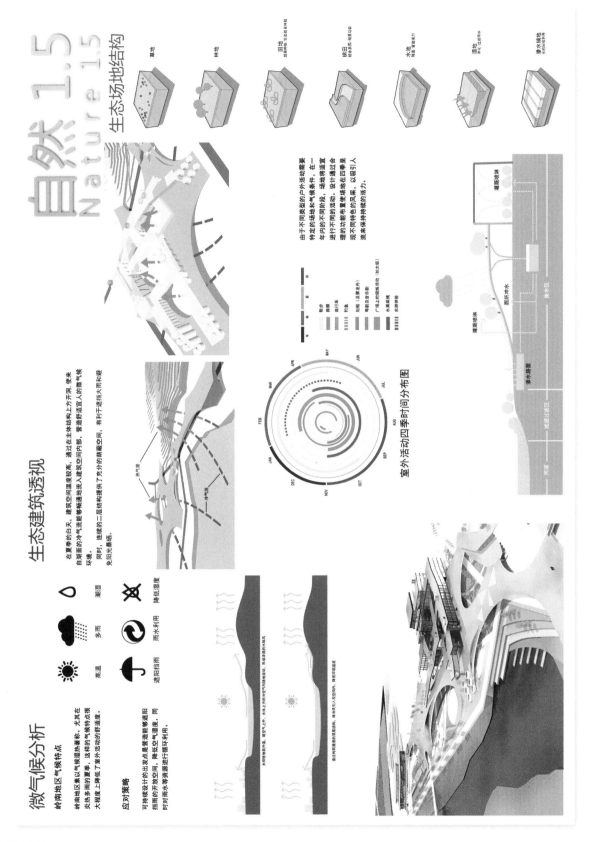

指导老师点评:

　　该组同学的设计理念很新颖,同时选择了覆土生态建筑这一形式来呼应主题。在设计风格上性格鲜明,有国际性。问题出在图纸表达上,缺乏对整个讲述思路的梳理;版面设计上,各级标题分析图等细节上不够完善,尚有错漏之处。因为最后制图时的这些问题没能入选最终竞赛作品,十分可惜。

"城市设计" 课程优秀作业回顾

全国高等学校城乡规划学科专业指导委员会 2014 年年会主题为"回归人本，溯源本土"。本次年会城市设计课程作业评选将围绕这一年会主题展开，要求参赛者以独特、新颖的视角解析年会主题的内涵，以全面、系统的专业素质进行城市设计。[1]

设计主题

专指委指定大会主题，不指定评选作业的题目；各学校可围绕"回归人本，溯源本土"的设计主题，自行制定并提交《教学大纲》，设计者自定规划基地及设计主题，构建有一定地域特色的城市空间。

成果要求

（1）用地规模：5 ~ 20 公顷。

（2）设计要求：紧扣主题、立意明确、构思巧妙、表达规范，鼓励具有创造性的思维与方法。

（3）表现形式：形式与方法自定。

（4）每份参评作品需提交：

　　① 设计作业四张装裱好的 A1 图纸（84.1cm×59.4cm），一张 KT 板装裱一张图纸（勿留边，勿加框）。

　　② 设计作业 JPG 格式电子文件 1 份（分辨率不低于 300dpi）。

　　③ 设计作业 PDF 格式电子文件 1 份（4 页，文件量大小不大于 10M，文字、图片应清晰）。

　　④ 教学大纲打印稿和 DOC 格式电子文件各一份。

《教学大纲》质量、大纲与设计作业的一致性、设计作业质量均作为评选内容。

参评要求

（1）参与者应为我国高等院校城乡规划专业（原城市规划专业）的高年级（非毕业班）在校本科生，每份参评方案的设计者不超过 2 人。

（2）参评作品必须为参评学生所在学校本学年的一份正式规划设计的课程作业。

（3）参评作品和教学大纲中不得包含任何透露参评者及其所在学校的内容和提示。

（4）每个学校报送的参评作品不得超过 3 份。

（5）参评作品必须附有加盖公章的正式函件同时寄送至本次评优活动的组织单位（地址见年会通告），恕不接受个人名义的参评作品。

---

[1] 2014 年"回归人本，溯源本土"主题的城市设计课程作业评选最终收到来自 77 所参赛院校的作业 208 份，其中违规 8 份。

中山大学本次选送作业 3 份,设计题目为"**乐从佛山新城乡土文化创意园设计**",任务书如下:

2014 年城市设计任务书

设计题目

乐从佛山新城乡土文化创意园设计(城市设计)

基地概况

项目地块地处广东省佛山市顺德区乐从镇东平新城的南端,占地约 20 公顷。

佛山新城文化中心是佛山市城市升级三年计划的重点工程之一。其位于佛山新城中心区,北临东平河优美景观,东临佛山公园和世纪莲体育中心,与中央商务区、传媒中心和行政中心毗邻。功能以文化休闲为主题,汇集文化、商业、休闲、会展、博览、娱乐等多种功能。建设定位:立足佛山、面向珠三角。服务定位:国内一流、国际先进;全天候、全时段、全年龄段、全文化层次。功能定位:综合文化。特色定位:文商结合、绿色、时尚。

项目地块位于文化中心南部,西接荷村,南邻大敦村,乡土文化氛围浓厚。

设计范围

项目所在基地东临华康大道(佛山公园)、西临荷村(富华路)、北临佛山文化中心、南接大墩村。总用地面积共 20 公顷。

相关设计依据及参考

规划设计要以国家、广东省、广州市有关规划法律、法规、规范、技术标准为依据:

1.《中华人民共和国城乡规划法》(2008)

2.《城市规划编制办法》(2006)

3.《城市用地分类与规划建设用地标准》(1991)

4.《广州市城市规划管理办法实施细则》(1987)

5.《广州市城市规划管理技术标准与准则》(2005)

6.《广州市城乡规划管理技术规定》(2010)

设计目标

主题:"回归人本,溯源本土"

深入考察并分析现状,领悟地块的历史、文化、生态、经济等综合价值,为地块的未来开发制定一系列的改造策略,通过乡土文化创意园的城市设计,达到推动经济发展,表达地方文化、生活特色,体现生态优势,提升城市文化生活品质等目标。

项目要求体现科技创新、贯彻绿色生态的理念。以乡土文化为主题,汇集文化、商业、休闲、博览、娱乐等多种功能。

设计要求

（1）紧扣"回归人本，溯源本土"，为地块的未来开发制定一系列的改造策略，并结合周边的自然、人文、历史环境，塑造体现岭南地方特征和佛山顺德历史文化内涵的城市公共场所，发掘并表现场地深层次的历史因素和景观生态优势。

（2）设计应借鉴周边传统村落的聚落形态，以营造现代岭南艺术聚落。将乡土文化创意园项目定位为打造乡土文化品牌，成为佛山创意文化创造力核心，并为文化旅游、文化教育、文化宣传、非物质文化遗产传承等提供场所。同时通过灵活多变的空间与生态景观为周边居民提供城市艺术公园、休闲娱乐场所、餐饮服务、特色零售等配套设施。

（3）空间整合：项目位于佛山市东平新城的南部轴线上，需要通过城市设计，整合景观轴线的空间结构，完善总体布局，丰富城市公共活动空间。

（4）保证项目功能与绿化双重需求。其中，富华路北部地块建筑密度控制在50%以下，绿地率不低于25%；南部地块建筑密度控制在35%以下，绿地率不低于35%。需要保护基地内原有的具有保留价值的树木，设计符合岭南气候的生态景观。

（5）满足交通组织的要求，基地内部形成合理道路系统的同时，满足北部地铁站出口的交通衔接，并设置合理的地下停车位。

竞赛作品

作品名称	参赛学生	指导教师
化坊入墟（佳作奖）	卢俊文、詹湛	刘立欣、王劲、产斯友
鱼栖钢蹊（优秀作品）	林允琦、邓鸿鹄	王劲、产斯友、刘立欣
"木"本"水"源（优秀作品）	严轶、黄婉玲	产斯友、王劲、刘立欣
依水游艺（优秀作品）	谭静远、刘菁	刘立欣、王劲、产斯友

化坊入墟

中山大学获得佳作奖一份
作者：卢俊文　詹湛

3.设计篇

化坊入墟

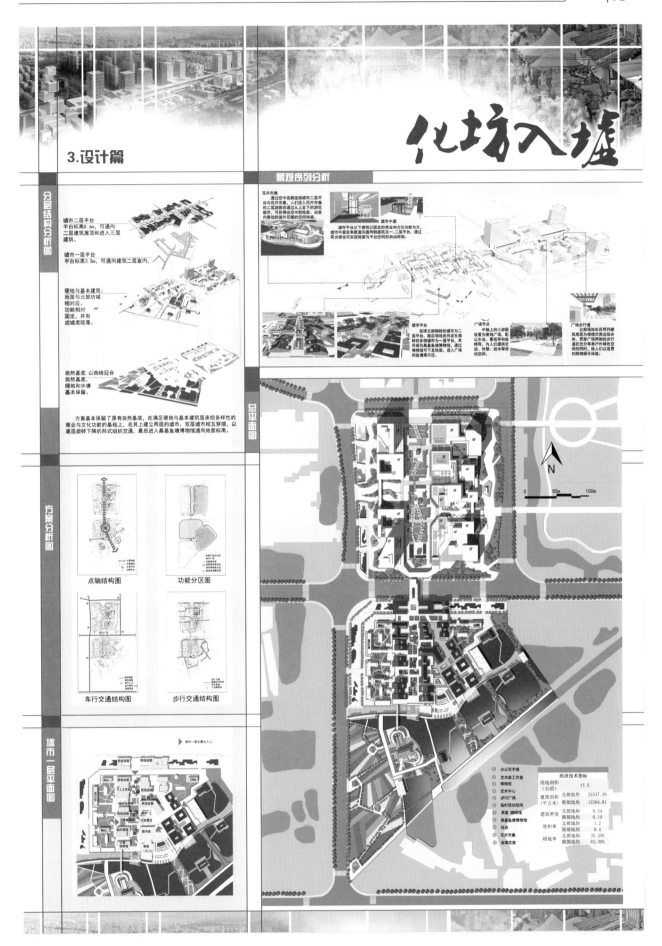

景观序列分析

分层结构分析图

城市二层平台
平台标高8.6m，可通向二层建筑屋顶和进入三层建筑。

城市一层平台
平台标高3.8m，可通向建筑二层室内。

硬地与基本建筑：
地面与北部功城相对应，功能相对固定，并形成城底院落。

自然基底：以曲线迎合自然基底，绿地和水塘基本保留。

方案基本保留了原有自然基底，在满足硬地与基本建筑层承担多样性的商业与文化功能的基础上，在其上建立两层的城市，双层城市相互穿插，以遥层旋转下降的形式组织交通，最后进入桑基鱼塘博物馆通向地面标高。

方案分析图

点轴结构图　　功能分区图

车行交通结构图　　步行交通结构图

城市一层平面图

总平面图

经济技术指标

指导老师点评：

　　基地位于岭南某地城乡接合部，方案分别从"城市"与"乡村"之中提取代表性元素"坊"与"墟"，将两者结合并充分演绎，以此为基础形成新的城市轴线，塑造美好的城市景观，营建舒适的公共空间，实现城市与乡村的共生与融合。问题在于总平面的设计深度有限，尤其是南侧滨水区域的景观设计存在不足。

鱼栖钢蹊

中山大学其他选送优秀作品
作者：林允琦　邓鸿鹄

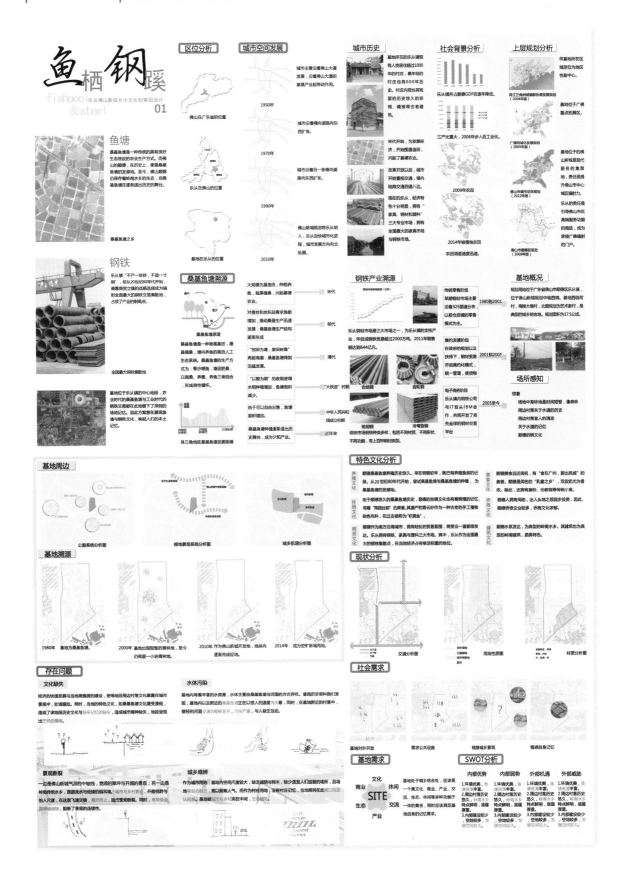

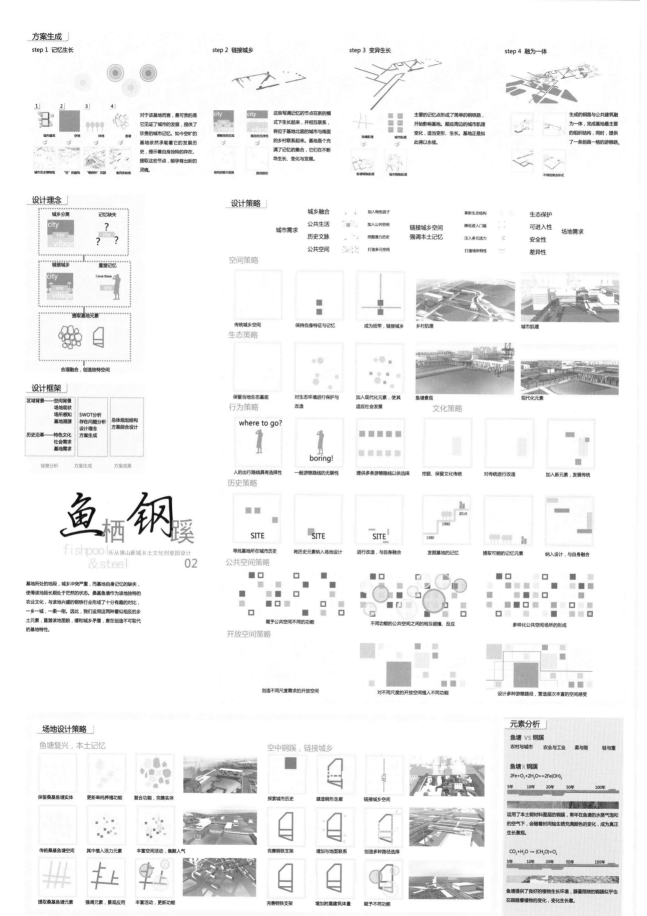

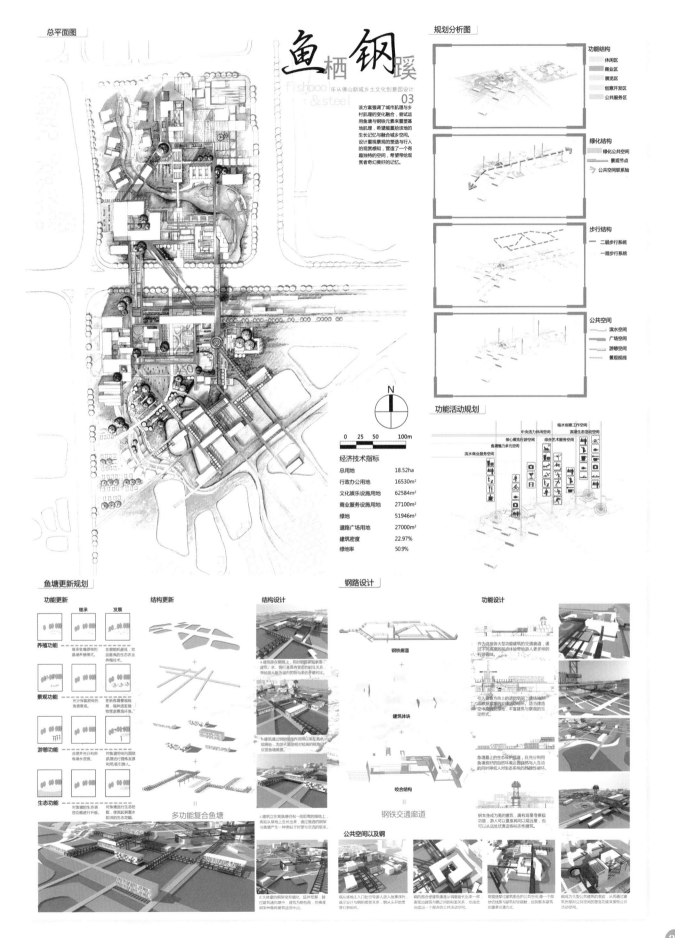

指导老师点评：

2014年竞赛主题强调"溯源本土"，而基地地域历史产业正是桑基鱼塘与钢铝产业。该组同学以"鱼"和"钢"入题，设计理念新颖切题；在具体的设计手法上，又以"水"和"钢"为核心空间元素，对概念多有回应，取得了明显的效果。但在整体空间结构的把握上还是略显稚嫩，也使整个城市设计看起来偏于景观构成。从图纸表达上看，前期思路与结构非常清晰，分析图表达细致；但设计表达与表现上，在手绘风格与电脑渲染上没有找到合适的结合点，后两张图纸与前两张风格割裂，没能给方案增色是较大的遗憾。

"木"本"水"源

中山大学其他选送优秀作品
作者：严轶　黄婉玲

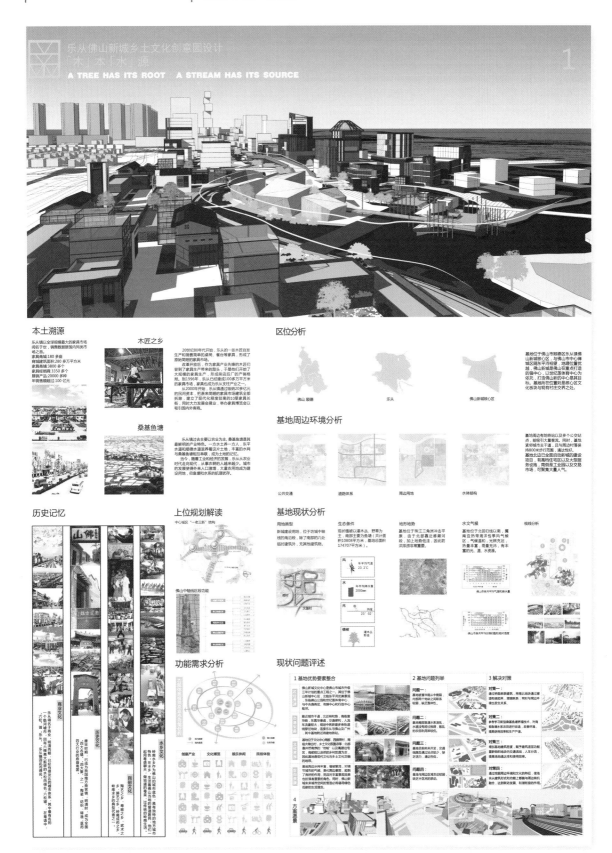

本土溯源

乐从镇以全球规模最大的家具市场闻名于世，销售数据涵盖国内同类市场之源。
家具商城180多座
商城建筑面积280多万平方米
家具商商3800多个
家具经销商3350多个
展销产品20000多种
年销售额超过100亿元

木匠之乡

20世纪80年代开始，乐从的一些木匠自发生产和销售简单的桌椅、餐台等家具，形成了原始简陋的家具市场。
改革开放后，作家产业先锋的木匠们看到了家具生产带来的型号，于是他们开始了大规模的家具再生产，形成商店后厂的"钢格局。到1996年，乐从已经建成100多万平方米的家具市场，家具也成为乐从支柱产业之一。
从2000年开始，乐从镇通过现如今20多亿元的民间资本，把康庄简陋的家具市场建筑全部拆除，建立了现代化程度较高的10里家具长街，同时大力发展会展业，举办家具博览会以吸引国内外客商。

桑基鱼塘

乐从镇过去以农业为主，桑基鱼塘是其最鲜明的产业特色。一方水土养一方人，东平水道和顺德水道养育这片土地，丰富的水列与桑基鱼塘相互辉映，成为此土地的记忆。
当今，随着工业经济的发展，乐从从农业时代走向现代，从事种的人越来越少，城市的发展促使外来人口激增，大量农用地成为建设用地，但桑塘和水系的肌理尚存。

历史记忆

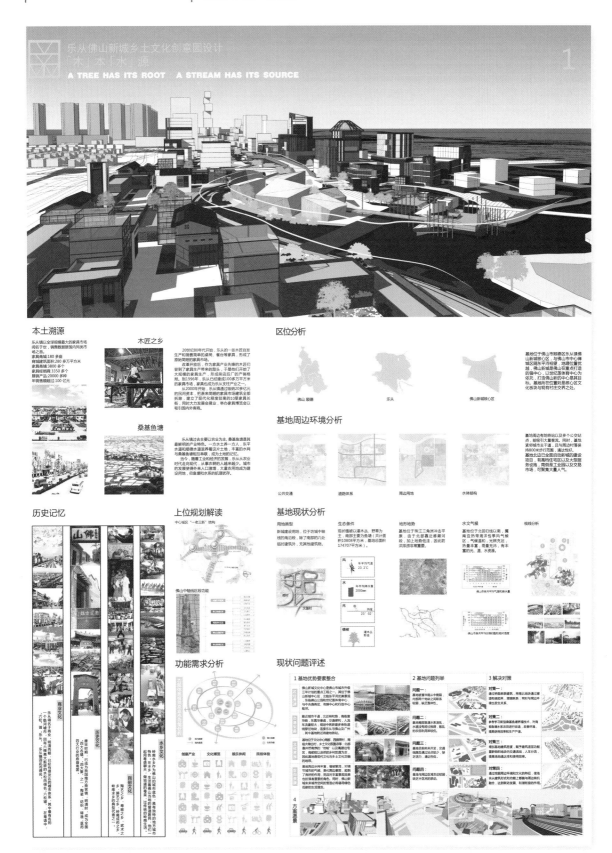

商业文化

乐从是著名的"家俱城"、"钢材城"，以大的城镇、五大文化体制市、乐从之"家"、乐从镇旧的商誉境镇。

历史文化

水乡文化

岭南水乡，以水乡为乐从最中要的的表现特色、乐从之乡、岭南岭的家乡乡市。

民俗文化

陶艺之乡、粤剧之乡、武术之乡、美食之乡、岭南的家乡市之一、陶艺、粤剧、武术、美食。

上位规划解读

中心区域"一老三新"结构

佛山中轴线段功能

功能需求分析

创意产业　文化博览　娱乐休闲　民俗体验

区位分析

佛山　顺德　乐从　佛山新城核心区

基地位于佛山市顺德区乐从镇佛山新城规划的核心，与佛山市中心禅城区隔东平水道相望，地理位置优越，佛山新城是佛山打造重点打造的"窗中心"，以世纪莲体育馆为依托，打造佛山的中心是其目标。基地所在位置到是核心区文化板块与现有村庄交界之处。

基地周边环境分析

公共交通　道路体系　周边用地　水体结构

基地周边有地铁站以及多个公交站点，能吸引大量客流。同时，基地紧邻地块半干道，且与南边的禅城区约800米步行范围。通达性好。基地北边已全面启动新城的建设项目，南面有高村社区以及大型服务设施，南侧是工业园区以及交易市场，可聚集大量人气。

基地现状分析

用地类型　生态条件　地形地势　水文气候　视线分析

新城建设用地，位于坊城中轴线的南后段，除了南部的几处临时建筑外，无其他建筑物。

现状植被以灌木本、野草为主。约10808平方米（共计面积约10808平方米），加上地势低洼，因此防洪涝排灾需要重置。

基地位于珠江三角洲冲击平原，由于北部濒洋珠科风气候区，地上部势较低平，因此防洪涝排灾需要重置。

基地位于北回归以南，属南亚热带海洋性季风气候，气候温和，光照充足，热量丰富，雨量充沛。有丰富的光、温、水、水资源。

现状问题评述

1 基地优势要素整合

佛山城区文化心及桑基鱼塘佛山城市升级三年计划的南段阶段工程之一，佛山新城中心区，北起东平河风漫桥，东连佛山与禅城区过河汇生态通道，中有东海段，南接佛山城市文化与水乡文化。

桑基城市干道，北起佛城周，南接佛城环桥，东面环桥，交通便行，人流车流量较大，规划中将东平桥与桑基鱼塘连接起来，成为城市形象连接整合片区其它基地以利形成设计理念。

增加的文化心心，四面环河，南端是传统的村落，目标是开发城市文化风采，乐从镇是桑基鱼塘的南段连续区段，因此基地自身的核心村落自然的承担起文化承载的角色。同时，大量水地必将引导其必将引导地生态保护和生产生态。

2 基地问题列举

问题一：
基地缺乏堂存水乡桥梁内部四个坊城之间联系较弱，缺乏联系性。

问题二：
基地内部堂存水乡，水源受南段分理河，散乱，历史回归现有特色。

问题三：
基地地貌的未开发之路，交通缺乏组织体系进入连接较难，通达性较弱。

问题四：
基地的水形区域文化较匮乏，基地内缺乏重要的水乡文化的承载及主要区域文化心。

3 解决对策

对策一：
通过拆除旧有建筑，用竖北地块之间空间联系，增强联系。同时与相邻地形成联系关系。

对策二：
参考学习前岭南桑基鱼塘疏浚技术，对有利疏浚保护系列现存村落的河流道，改善环境，连接接续形成重构水乡环境。

对策三：
使用连接建筑理念，就予桑基鱼塘分块重组组合的建设，增强连接满足交通这性和使用功能。

对策四：
通过挖掘周边现有的水文功能的地方传统文化，与基地的未来应用功能在连接机结合，达到区域发展，和谐相融的格局。

4 方案溯源

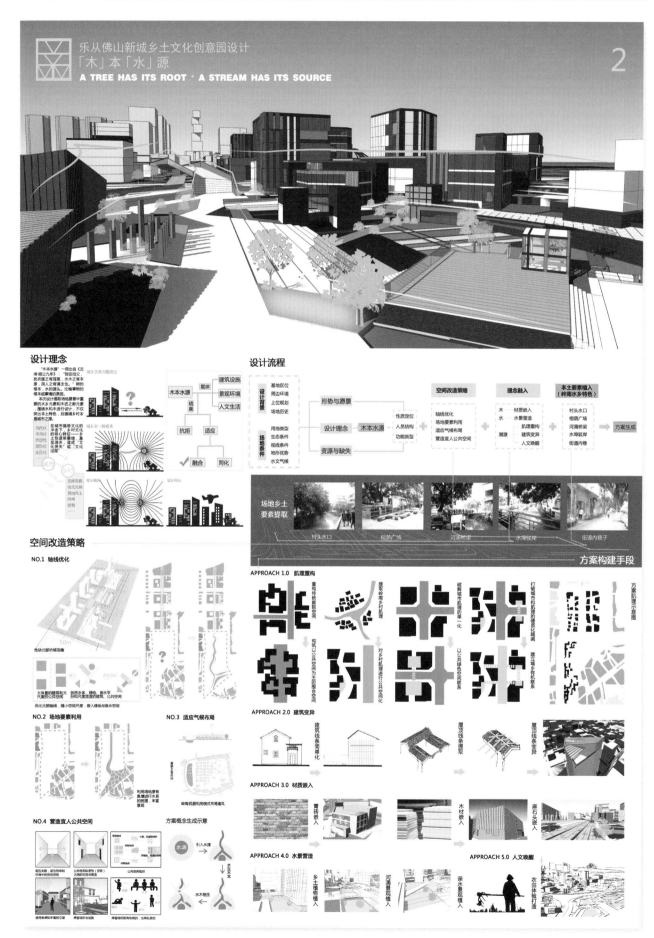

乐从佛山新城乡土文化创意园设计
「木」本「水」源
A TREE HAS ITS ROOT · A STREAM HAS ITS SOURCE

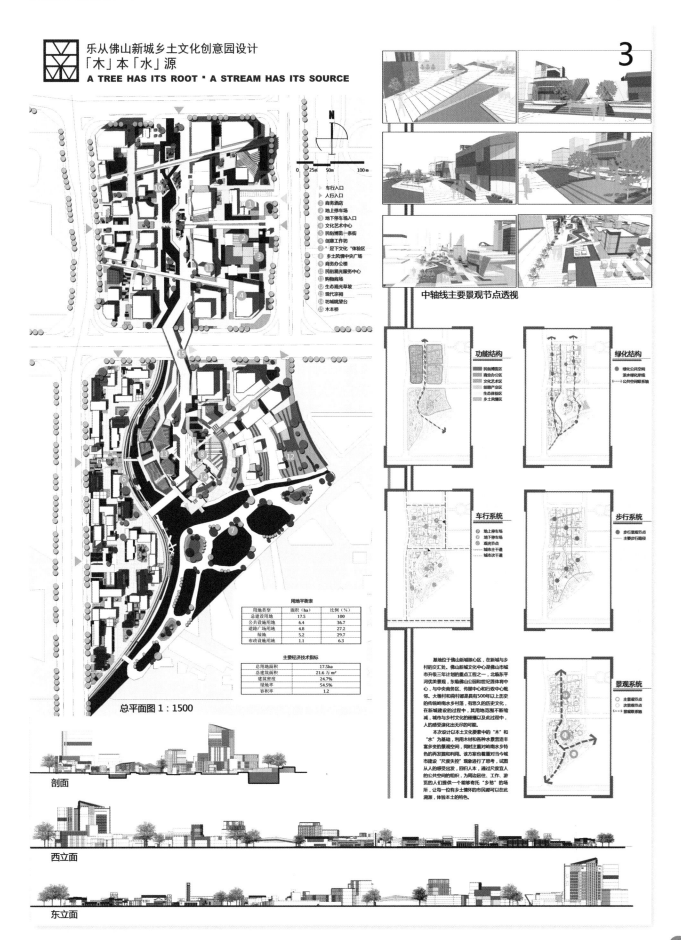

中轴线主要景观节点透视

用地平衡表

用地类型	面积（ha）	比例（%）
总建设用地	17.5	100
公共设施用地	6.4	36.7
道路广场用地	4.8	27.2
绿地	5.2	29.7
市政设施用地	1.1	6.3

主要经济技术指标

总用地面积	17.5ha
总建筑面积	21.6 万 m²
建筑密度	24.7%
绿地率	54.5%
容积率	1.2

总平面图 1：1500

剖面

西立面

东立面

功能结构

绿化结构

车行系统

步行系统

景观系统

基地位于佛山新城核心区，在新城与乡村的交汇处，佛山新城文化中心是佛山市城市升级三年计划的重点工程之一，北倚东平河优美景观，东临佛山公园和世纪莲体育中心，与中央商务区、传媒中心和行政中心毗邻。大墩村和荷村都是具有500年以上历史的传统岭南水乡村落，有悠久的历史文化。在新城建设的过程中，其用地范围不断缩减，城市与乡村文化的碰撞以及此过程中，人的感受演化出无尽的可能。

本次设计以本土文化要素中的"木"和"水"为基础，利用木材和各种水景贯通丰富多变的景观空间，同时注重对岭南水乡特色的再发掘和利用，本方案从截面对当今城市建设"尺度失控"现象进行了思考，回归以人，通过尺度宜人的公共空间的组织，为周边居住、工作、游览的人们提供一个能够寄托"乡愁"的场所，让每一位有乡土情怀的市民都可以在此溯源，体验本土的特色。

指导老师点评：

　　当代中国城市的急速生长与蔓延，强化了现代都市与传统乡村的空间耦合与关联。此时，在城乡交接地带的公共空间组织与设计中，如何完成城乡之间空间尺度与肌理的过渡与整合，是无法回避的棘手问题。该设计基于珠江三角洲河网纵横的自然地貌特征，与对岭南文化、民俗、符号等人文生活内容的研究与思考，展开公开空间的体系建构与深化设计，并将文化、商业、休闲、博览、娱乐等多元化、受众广的体验内容植入其中，试图缝合城乡割裂，标识地域特色，是一次针对普遍性问题的积极设计探索。不过，该设计的公共空间体系的层次较为单一，中心空间的尺度把握与适应南方气候的景观植物配置尚有欠缺，图面表达上总平面图与鸟瞰效果图等表现力有待强化，立面图聊胜于无，经济技术指标缺失，说明文字内容重复，以上种种很大程度上影响了最终成果的效果呈现。

依水游艺 | 中山大学其他选送优秀作品·
作者：谭静远　刘菁

Urban Design
ACTIVITIES ALONG THE RIVER

乐从佛山新城乡土文化创意园设计

区位分析

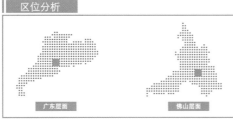

广东层面　　　佛山层面　　　基地位置

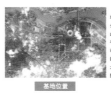

项目地块占地约17.5公顷，地处广东省佛山市顺德区乐从镇东平新城的南端，佛山市公共文化综合体南部、西接荷村，南邻大督村，乡土文化氛围浓厚。

俯瞰地块周围的城市环境，可以直观地发现新城与村庄的肌理在此碰撞，同时，城乡隔阂严重，缺乏人气。
地块规划定位为集文化、商业、休闲、博览、娱乐等多种功能于一体，全天候、全时段面向全年龄段、全文化层次的乡土文化创意园。设计以依水游艺为主题，重点考虑梳理重塑水系，串联激活城乡文化要素，表达岭南水乡文化、营造文化氛围、体现生态优势、提升城市文化生活品质。

设计理念

■元素提取

传统

现代

龙舟	展览
鱼灯	商务
戏鱼	创意
建筑	商业

■水乐衔接

城市空间背景

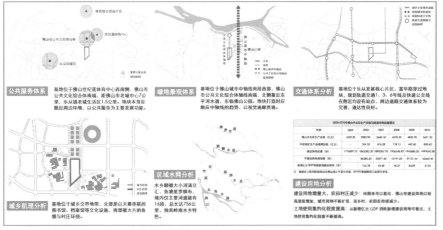

公共服务体系
基地位于佛山市世纪莲体育中心西南端，佛山市公共文化综合体南端，距佛山市老城中心7公里，乐从镇老城生活区1.5公里。地块本身应顺应周边环境，以公共服务为主要发展功能。

城乡肌理分析
基地位于城乡交界地带，北部是以天幕串联的图书馆、档案馆等文化设施，南部被大片的鱼塘与村庄环绕。

绿地景观体系
基地位于佛山城市中轴线南段西部，佛山市公共文化综合轴线南端，北侧靠近东平河水道，东临佛山公园。地块打造时应顺应中轴线的趋势，以贯穿佛山市。

区域水网分析
水乡顺德大小河涌交汇，鱼塘星罗棋布，境内仅主要河道就有16段，总长达756公里，独具社南水乡特色。

交通体系分析
基地位于乐从发展核心片区，规划轨道交通1、3、6号线及快速公交线块，在附近均设有站点，周边道路交通体系较为完善，通达性良好。

| 2005-2010年佛山市全社会生产总值与建设用地配置表 |
年份	2005	2006	2007	2008	2009	2010

建设用地分析
建设用地增加，农田村庄减少：由图表可以看出，佛山市建设用地以较高速度增加，城市用地不断扩张，而乡村、农田在持续减少。
土地使用集约化程度提高：从新增亿元GDP消耗新增建设用地可看出，土地使用集约化程度不断提高。

社会背景

广佛都市区将成为我国最大的城市区之一
乐从经济实力位于佛山前列，生产产业实力雄厚
佛山新城的建设，引入大量外来人口
佛山城市中轴线的打造，千城一面

外来人口增加、城乡隔阂严重
应选择合理功能，使城乡居民实现资源共享

周边缺乏触点，新城变空城
应强化触媒，吸引人气，使片区发挥乘数效应，与周边联动。

重生产、轻生活，文化记忆缺失
乐从镇作为全国百强镇，具有钢铁、塑料盒、家具三大支柱性产业，但发展过程中却忽视了本身优越的文化本底条件，如水乡特色、龙舟、鱼灯、粤曲等。

■■■依水游艺·1

Urban Design ACTIVITIES ALONG THE RIVER

乐从佛山新城乡土文化创意园设计

设计目标

打破城乡隔阂

活化本土文化

龙舟粤曲
种植鱼灯
行通济

岭南水乡
桑基鱼塘
家具盆景

盘活新城空间

商务

游客

居民

孩童

俯瞰地块周围的城市环境，可以直观地发现新城与村庄的肌理在此碰撞，同时，城乡隔阂严重，缺乏人气。

地块规划定位为集文化、商业、休闲、博览、娱乐等多种功能于一体，全天候、全时段面向全年龄段、全文化层次的乡土文化创意园。设计以依水游艺为主题，重点考虑梳理重塑水系，串联激活城乡文化要素，表达岭南水乡文化、营造生活氛围、体现生态优势、提升城市文化生活品质。

设计策略

策略1: 满足需求，缝合城乡本位差异

创意产业
环境质量
城市居民需求 ── 科教服务
购物消费
休闲娱乐
基础设施
乡村居民需求 ── 居住环境
亲友集会
农业记忆

城市居民需求 乡村居民需求 需求缝合

商务办公
商务办公&创意产业   特色商业步行街
博物馆（历史馆）   滨水景观
博物馆（人文馆）   购物中心
生态花鱼园   酒店会展
现代岭南村落   购物中心
现代桑基鱼塘

经济发展与城乡二元结构的影响，使城乡之间形成了不同的生活方式，引起了需求、诉求的差异；与此同时，社会阶层的差异也使得各阶层居民之间有不同的需求，作为乐从的城市名片，本地块应能够满足各阶层与不同身份人群的需求。

	城市居民	乡村居民	一般游客	商务来访人士
购物商场				
博物馆				
农业记忆				
创意商业				
酒店				
餐饮				
影剧院				
休闲广场				

不同使用者对功能的需求

策略2: 依水打造不间断、连续的活动空间

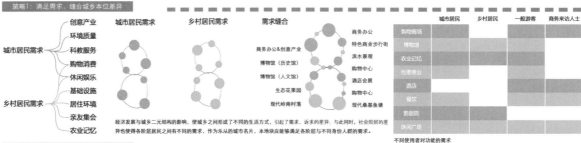

不同时间、不同功能使用强度变化曲线

	08:00	10:00	12:00	14:00	16:00	18:00	20:00	22:00	24:00
影剧院									
博物馆									
观光游览									
创意产业									
购物中心									
商务办公									
艺术中心									
果园									
舞台									
现代鱼塘									
中央水系									

春 夏 秋 冬

策略3: 激活原有文化要素，积淀城市底蕴

STEP1: 分析基地本底条件，筛选出可供改造、强化的水道；
STEP2: 打通地块内部富含特色的水系；
STEP3: 有机布置周边绿地系统，使地块内水系与绿地关系自然，符合生态与这片区原有桑基鱼塘的特色。

STEP 1
STEP 2
STEP 3

乡村: 锅耳屋、砖瓦

城市: 乐从钢铁、钢筋混凝土、玻璃

岭南水乡: 依水而居、向水而生

依水游艺·2

依水游艺

Urban Design ACTIVITIES ALONG THE RIVER

乐从佛山新城乡土文化创意园设计

场地设计策略

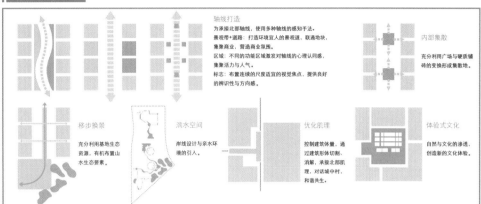

轴线打造
为承接北部轴线,使用多种轴线的感知手法。
景观带+道路:打造环境宜人的景观道,联通地块,集聚商业,营造商业氛围。
区域:不同的功能区域激发对轴线的心理认同感,集聚活力与人气。
标志:布置连续的尺度适宜的视觉焦点,提供良好的辨识性与方向感。

内部集散
充分利用广场与硬质铺砖的变换形成集散地。

移步换景
充分利用基地生态资源,有机布置山水生态要素。

滨水空间
岸线设计与亲水环境的引入。

优化肌理
控制建筑体量,通过建筑形体切割,消解,承接北部肌理,对话城中村,和谐共生。

体验式文化
自然与文化的渗透,创造新的文化体验。

俯瞰地块周围的城市环境,可以直观地发现新城与村庄的肌理在此碰撞,同时,城乡隔阂严重,缺乏人气。
地块规划定位为集文化、商业、休闲、博览、娱乐等多种功能于一体,全天候、全时段面向全年龄段、全文化层次的乡土文化创意园。设计以依水游艺为主题,重点考虑梳理重塑水系,串联激活城乡文化要素,表达岭南水乡文化、营造生活氛围、体现生态优势、提升城市文化生活品质。

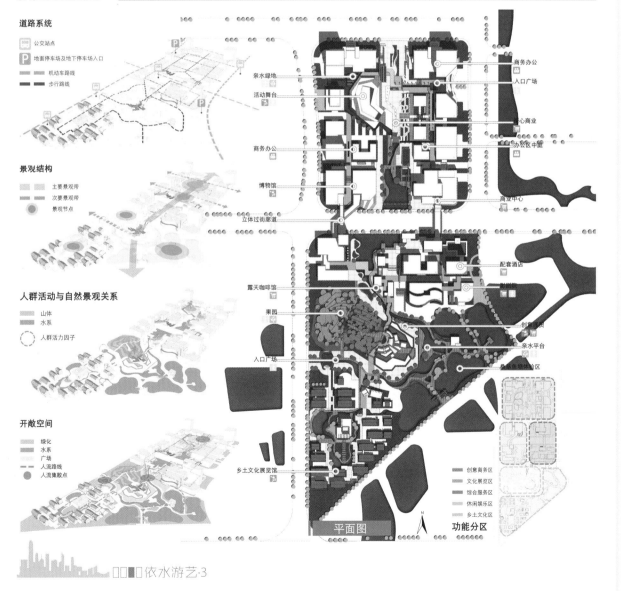

道路系统
- 公交站点
- P 地面停车场及地下停车场入口
- 机动车路线
- 步行路线

景观结构
- 主要景观带
- 次要景观带
- 景观节点

人群活动与自然景观关系
- 山体
- 水系
- 人群活力因子

开敞空间
- 绿化
- 水系
- 广场
- 人流路线
- 人流集散点

亲水绿地
活动舞台
商务办公
博物馆
立体过街廊道
露天咖啡馆
果园
入口广场
乡土文化展览馆

商务办公
入口广场
核心商业
办公区中庭
商业中心
配套酒店
影剧院
创意建筑
亲水平台
乡土舟楫体验区

平面图

功能分区

- 创意商务区
- 文化展览区
- 综合服务区
- 休闲娱乐区
- 乡土文化区

□□■□依水游艺·3

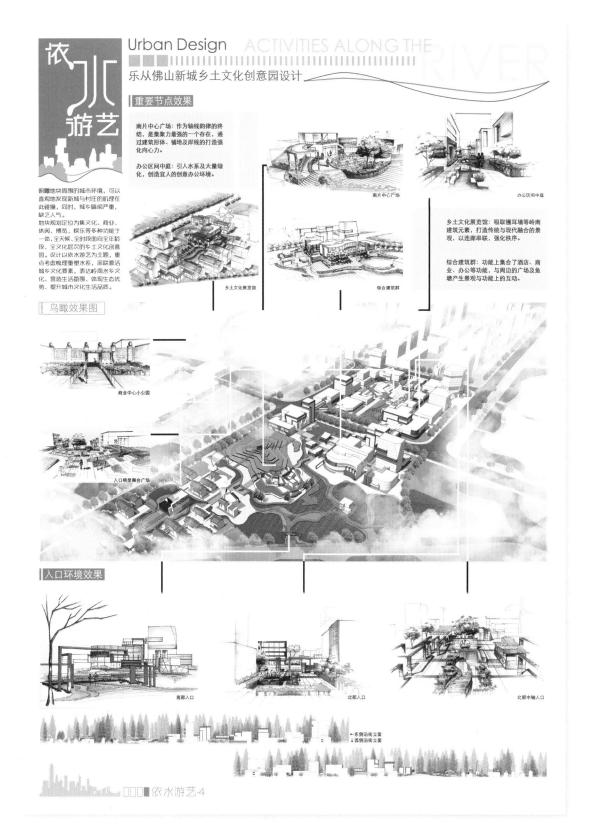

指导老师点评：

　　该组同学方案原主题为"HUG"（拥抱），后从易读性考虑改为"依水游艺"。设计从文化、功能和空间的角度切入，基于现状研究有针对性地提出设计策略，努力打造一个集文化、商业、休闲、会展等多功能于一体的，全天候、全时段面向各年龄群、各文化层次的综合性乡土文化创意园。方案整体思路清晰，重要景观节点的设计深度到位，手绘的表达方式有一定特色。但总平面的设计深度存在不足，部分单体建设的体量和细部设计需要加强。

"城市设计" 课程优秀作业回顾

全国高等学校城乡规划学科专业指导委员会 2015 年的城市设计课程作业主题为："社会融合，多元共生"，要求参赛者以独特、新颖的视角解析主题的内涵，以全面、系统的专业素质进行城市设计。[1]

设计主题

各学校可围绕主题"社会融合，多元共生"制定教学任务书和《教学大纲》，设计者自定规划基地及设计主题，构建有一定地域特色的城市空间。

成果要求

（1）用地规模：10 ~ 30 公顷。

（2）设计要求：紧扣主题、立意明确、构思巧妙、表达规范，鼓励具有创造性的思维与方法。

（3）表现形式：形式与方法自定。

（4）每份参评作品需提交：

展板文件：设计作业 JPG 格式电子文件 1 份，共 4 张。图幅设定为 A1 图纸（84.1cm×59.4cm）（应保证出图精度，分辨率不低于 300dpi。勿留边，勿加框）。

网评文件：设计作业 PDF 格式电子文件 1 份（4 页，文件量大小不大于 10M，文字图片应清晰）。

设计任务书及教学大纲 DOC 格式电子文件各 1 份。

（5）设计任务书的内容要求及《教学大纲》质量、大纲与设计作业的一致性、设计作业质量均作为评选内容。

参评要求

（1）参与者应为我国高等院校城乡规划专业（原城市规划专业）的高年级（非毕业班）在校本科生，每份参评方案的设计者不超过 2 人。

（2）参评作品必须为参评学生所在学校本学年的一份正式规划设计的课程作业。

（3）参评作品和教学大纲中不得包含任何透露参评者及其所在学校的内容和提示。

（4）每个学校报送的参评作品不得超过 3 份。

（5）参评作品必须附有加盖公章的正式函件扫描件（JPG 格式），与参赛作品同时提交至相应网址，恕不接受个人名义的参评作品。

① 2015 年"社会融合，多元共生"主题的城市设计课程作业评选最终收到来自 80 所参赛院校的作业 216 份，其中违规 2 份。

中山大学本次选送作业 3 份，设计题目为"**广州瑞康路布匹批发集散市场改造设计**"，任务书如下：

2015 年城市设计任务书

设计题目

广州瑞康路布匹批发集散市场改造设计（城市设计）

基地概况

项目地块地处广东省广州市海珠区中山大学的南门对街，属于瑞康路布匹市场的一部分，占地约 30 公顷。

瑞康路布匹市场西起东晓南路，北接新港西路，东至广州大道，南至新滘南路，面积达 5 平方公里。整个大市场从 20 世纪 80 年代的初级市场开始逐步发展至今，拥有数十个纺织品及服装辅料专业批发市场，规模壮大，产业链完善，是一个成熟的市场群落。但同时因用地复杂、交通混乱等原因，社会环境问题较为突出，亟待整合与优化。

设计范围

项目基地东临广州国际轻纺城、西临广州轻纺交易园、北临新港西路、南接中大九州轻纺广场及康乐西路，内含一个城中村。总用地面积共 30 公顷。

相关设计依据及参考

规划设计要以国家、广东省、广州市有关规划法律、法规、规范、技术标准为依据：

1.《中华人民共和国城乡规划法》（2008）

2.《城市规划编制办法》（2006）

3.《城市用地分类与规划建设用地标准》（1991）

4.《广州市城市规划管理办法实施细则》（1987）

5.《广州市城市规划管理技术标准与准则》（2005）

6.《广州市城乡规划管理技术规定》（2010）

设计目标

主题："社会融合，多元共生"

深入考察并分析现状，领悟地块的历史、文化、生态、经济等综合价值，为地块的未来开发制定一系列的改造及发展策略，通过整合众多布匹综合批发城及轻纺园，重塑交通体系，增加基础设施，打造有活力的城市公共空间，达到推动经济发展，表达地方文化、生活特色，改善人居环境及绿化，提升城市文化生活品质等目标。

项目要求体现科技创新、贯彻绿色生态的理念。以轻纺工业文化为核心，汇集商业、休闲、文化、居住、娱乐等多种功能。

设计要求

（1）紧扣"社会融合，多元共生"，为地块的未来开发制定一系列的改造及发展策略，着力解决该地块现有的社会、经济、文化等诸多问题及矛盾，优化产业及基础设施配置，提升地块活力，推动整个大布匹市场的发展。功能定位与基础设施的配置须同时考虑地块本身所处的布匹市场群落、老广州及外来工共存的城中村、紧邻的 985 高校中山大学等三方面因素，平衡矛盾，达到和谐共生。

（2）城市设计应结合周边的自然、人文、历史环境，塑造体现地域文化特征和历史文化内涵的城市公共场所。借鉴周边传统建筑的样式与形态，体现老广州的乡土文化；借鉴中山大学南校区的校园空间形态，体现高校文化；借鉴国内外轻纺产业园区的建筑形式，体现高新技术与产业文化。

（3）空间整合: 地块正位于中山大学南校区的中轴延长线上，需要通过城市设计，整合景观轴线的空间结构，与中大中轴线形成呼应。完善总体布局，重塑车行与步行体系，打造丰富的城市公共活动空间。

（4）基础设施：提升项目配套设施与景观绿化。基地内合理调整道路系统的同时满足地铁站口及公交线路的衔接，并设置合理的地下停车位。地块绿地率不低于 15%。需要保护基地内原有的具有保留价值的树木，设计符合岭南气候的生态景观。

（5）对城中村的改造需整体考虑，迁建所需需进行经济测算。

设计要求

课程设计时间共 10 周（7 ~ 17 周），评图时间：7 月 2 日（参赛作品提交日期为 7 月 24 日）

分为以下 4 个阶段：

1. 第一次草图阶段，共 2 周

学习设计任务书、分析设计条件、准备设计资料、进行方案构思、手绘两个比选方案草图。内容包括简要构思说明、总图（区位图、总平面）、构思分析图（功能布局、交通、开放空间与景观）、节点设计概念图等，需注明比例尺、指北针等。

教师评图，与学生分析讨论，确定一个发展方案。

2. 第二次草图阶段，共 3 周

在第一次草图确定方案的基础上改进深化方案。深入总图、总体空间形态设计，绘制完成第二次方案草图。

3. 第三次草图阶段，共 3 周

在第二次草图确定方案的基础上改进深化方案。深入总体空间形态及重要节点设计，绘制完成第三次方案草图。

4. 正式方案图设计阶段，共 2 周

城市设计导则（系统设计导则、分地块设计导则）；

图纸以电脑绘制，至少 4 张 A1 版面图纸，应包含以下内容：

简要设计说明；区位图、总图（总平面、沿街主立面）；分析图若干（功能布局、交通与停车、绿化与生态体系、开放空间与步行体系、景观分析图）；重要空间节点设计图；总体鸟瞰图、重要空间节点透视图，其他能说明设计意图的表现图（景观节点设计意向）。

竞赛作品

作品名称	参赛学生	指导教师
布衣往来（佳作奖）	翁阳、祝益韩	产斯友、王劲、刘立欣
布市T台（优秀作业）	陈博文、杨佳意	王劲、产斯友、刘立欣
布城故事（优秀作业）	陈俊仲、林曼妮	刘立欣、王劲、产斯友
绣外惠中（优秀作业）	廖沁凌、罗璇	王劲、产斯友、刘立欣

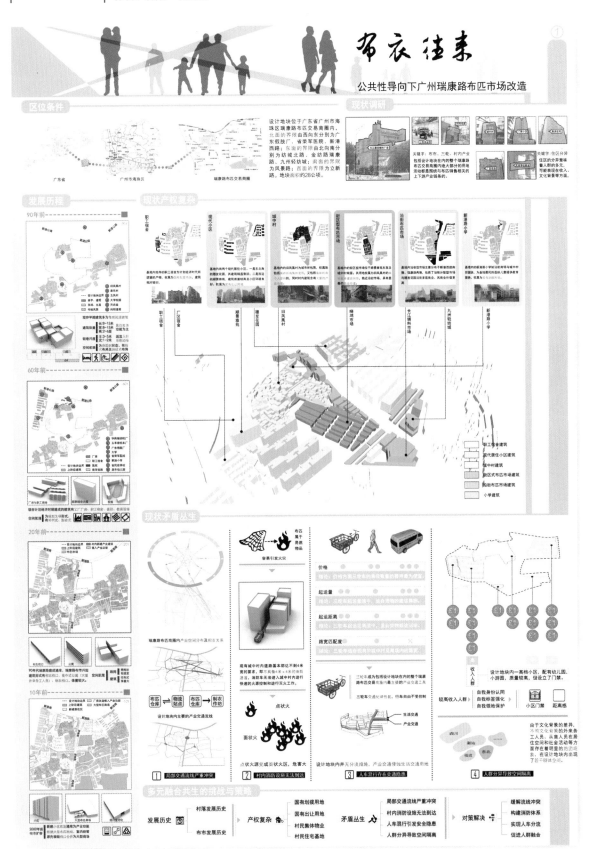

布衣往来

公共性导向下广州瑞康路布匹市场改造

布衣往来

公共性导向下广州瑞康路布匹市场改造

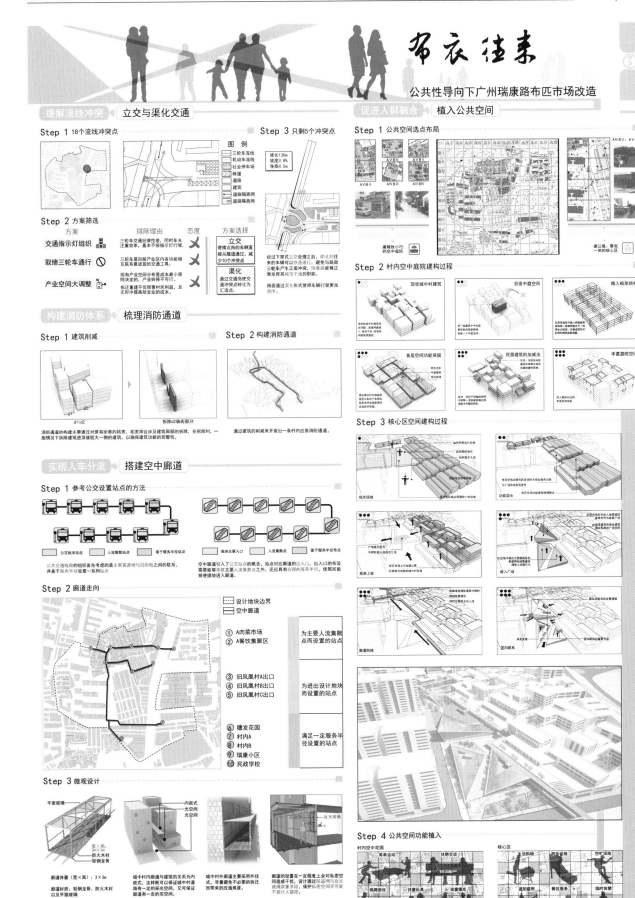

缓解流线冲突 立交与渠化交通

Step 1 18个流线冲突点

Step 3 只剩5个冲突点

图例
- 三轮车流线
- 机动车流线
- 社会停车场
- 帐蓬
- 道路
- 建筑
- 道路隔离网
- 道路隔离网

坡长130m
坡度3.8%
净高4.5m

Step 2 方案筛选

方案	排除理由	态度	方案选择

构建消防体系 梳理消防通道

Step 1 建筑削减

d1<d2

Step 2 构建消防通道

拆除d2临街部分

实现人车分流 搭建空中廊道

Step 1 参考公交设置站点的方法

公交始末站点　人流集散站点　基于服务半径站点

地块主要入口　人流集散点　基于服务半径点

Step 2 廊道走向

- 设计地块边界
- 空中廊道

① A肉菜市场
② A餐饮集聚区
③ 旧凤凰村A出口
④ 旧凤凰村B出口
⑤ 旧凤凰村C出口
⑥ 穗发花园
⑦ 村内A
⑧ 村内B
⑨ 瑞康小区
⑩ 民政学校

为主要人流集散点而设置的站点

为进出设计地块而设置的站点

满足一定服务半径设置的站点

Step 3 微观设计

平面玻璃
内嵌式光空间
反光玻璃
宽×高
防火木材
轻钢龙骨

廊道体量(宽×高): 3×3m
廊道材质: 轻钢龙骨、防火木材以及平面玻璃

促进人群融合 植入公共空间

Step 1 公共空间选点布局

Step 2 村内空中庭院建构过程

现状城中村建筑　创造中庭空间　植入框架结构

首层空间功能保留　民居建筑的加减法　丰富庭院空间

Step 3 核心区空间建构过程

Step 4 公共空间功能植入

村内空中花园　核心区

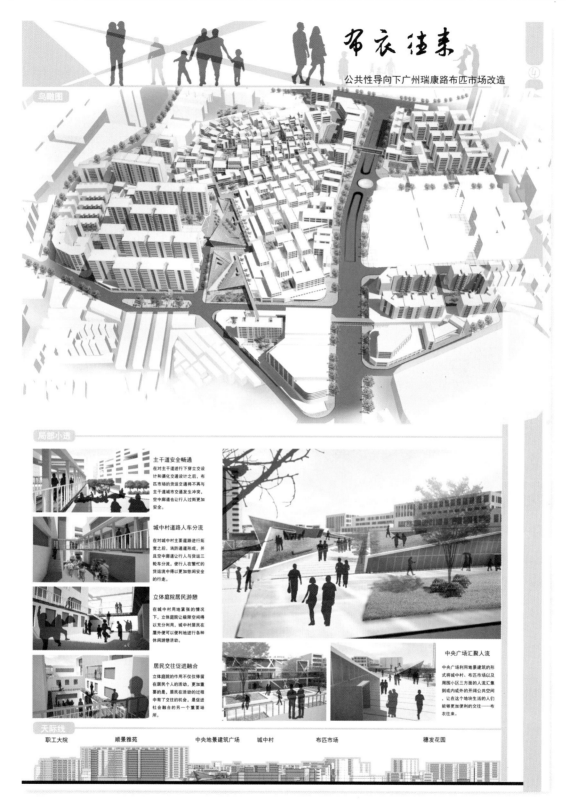

指导老师点评：

　　改革开放前沿城市的南国广州，特定产业的空间集聚现象由来已久。瑞康路的布匹市场，百十年来由村落发展为布市，现状产权复杂，交通混乱，风貌驳杂，空间分异，社区隔离。通过城市公共空间的梳理与设计，回应并缓解，甚至从根本上解决上述问题，即是本选题期待达成的设计目标。该设计借助深入的现状调研，提炼核心问题，进而提出相应设计策略，以消弭流线冲突，构建消防体系，促进人群融合，是一次以强化空间公共性为导向的富有成效的设计尝试。不过，该设计图面综合表达效果仍待提升，基本指标单位标示有误，空间的层次过渡与细节处理方面尚需强化。

布市 T 台 中山大学其他选送优秀作品
作者： 陈博文 杨佳意

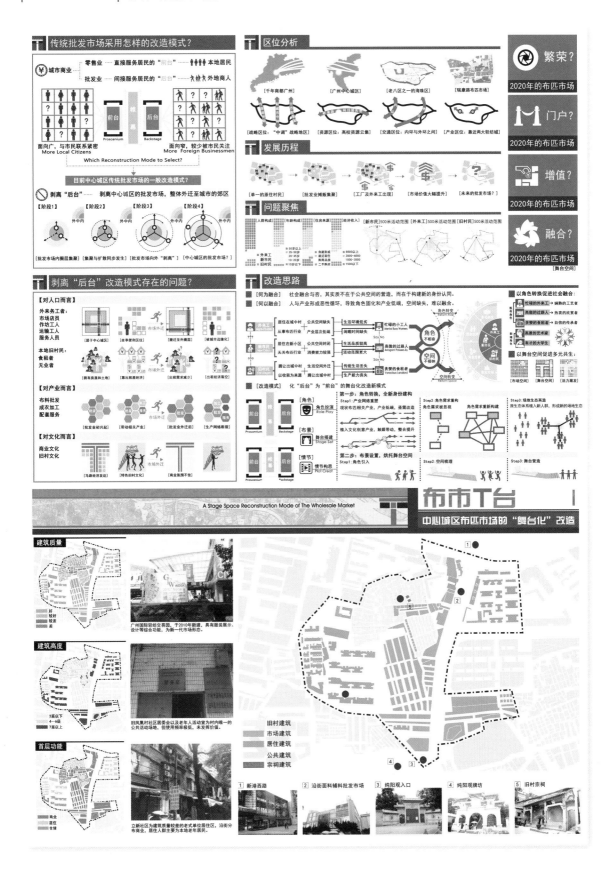

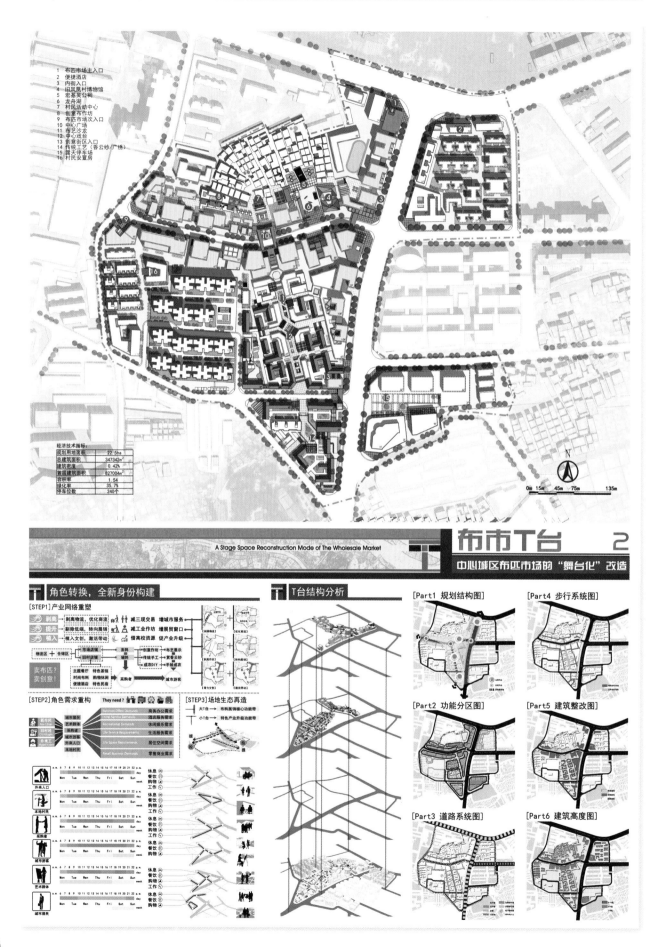

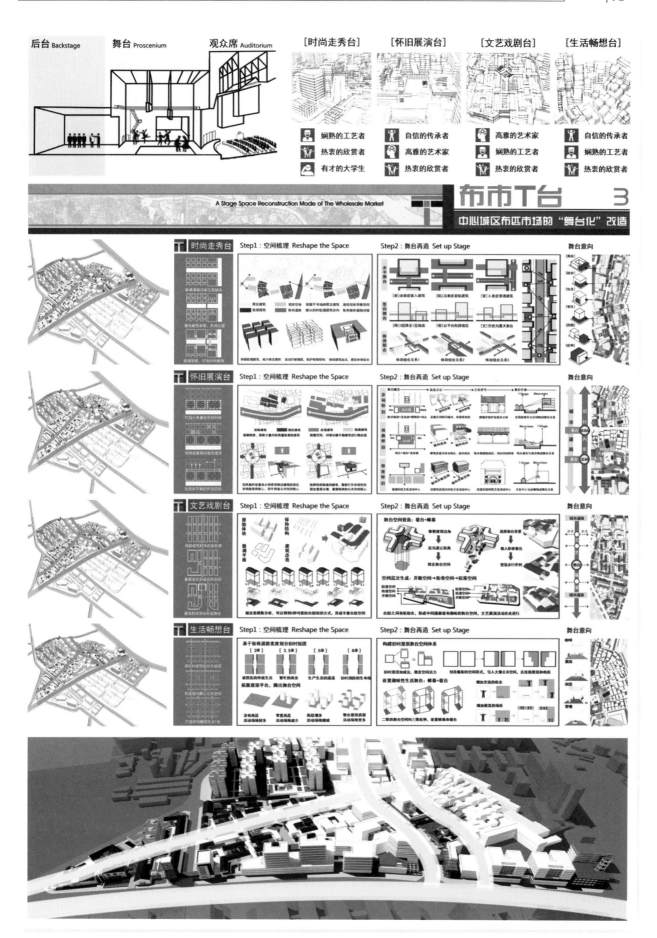

后台 Backstage　　舞台 Proscenium　　观众席 Auditorium

[时尚走秀台]　　[怀旧展演台]　　[文艺戏剧台]　　[生活畅想台]

娴熟的工艺者　　自信的传承者　　高雅的艺术家　　自信的传承者
热衷的欣赏者　　高雅的艺术家　　娴熟的工艺者　　娴熟的工艺者
有才的大学生　　热衷的欣赏者　　热衷的欣赏者　　热衷的欣赏者

A Stage Space Reconstruction Mode of The Wholesale Market

布市T台　3
中心城区布匹市场的 "舞台化" 改造

时尚走秀台　　Step1：空间梳理 Reshape the Space　　Step2：舞台再造 Set up Stage　　舞台意向

怀旧展演台　　Step1：空间梳理 Reshape the Space　　Step2：舞台再造 Set up Stage　　舞台意向

文艺戏剧台　　Step1：空间梳理 Reshape the Space　　Step2：舞台再造 Set up Stage　　舞台意向

生活畅想台　　Step1：空间梳理 Reshape the Space　　Step2：舞台再造 Set up Stage　　舞台意向

指导老师点评：

  2015 年竞赛选题对象就在中山大学南面的布匹市场，现状复杂是其难点，易于切入"社会融合，多元共生"主题是其优势。几组参赛作品的前期研究与问题分析都十分扎实和深入，而如何从众多要素中提炼出核心问题就成了最大的考验。该组同学的解题十分巧妙，"布市 T 台"既是从业态上的植入，带动地块活力；同时在空间结构的调整上也借助两个"T"形结构串联了新旧业态及整合了交通问题，也是从空间意向上对主题的回应，是一个非常有潜力的竞赛方案。设计推进也较为顺利，完成度较好。但在最后设计表达与表现上没有找到合适的风格，排版过于密集，对前期研究内容取舍不够干脆，导致最终版面效果失于沉闷，没能在第一轮网上评审中吸引评委而突围，十分可惜。

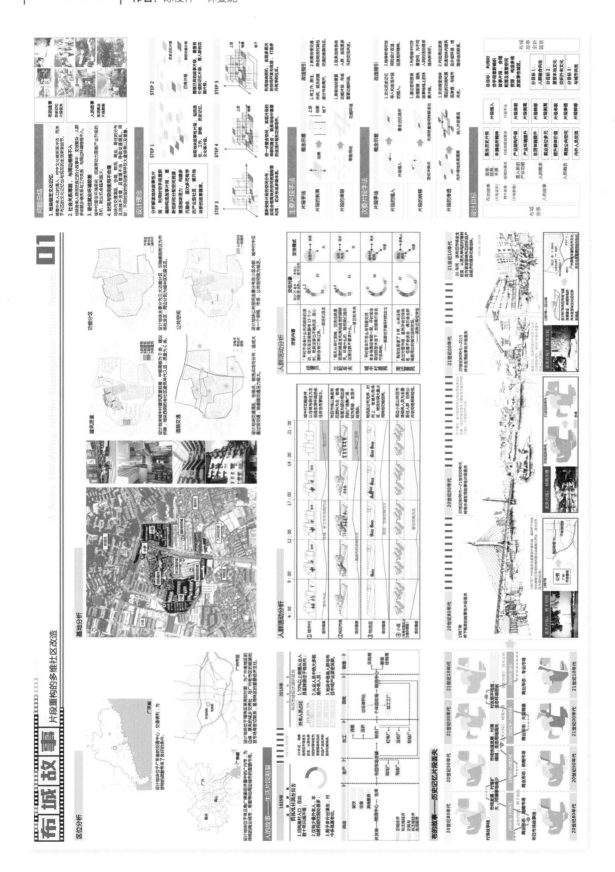

布城故事 | 中山大学其他选送优秀作品
作者： 陈俊仲　林曼妮

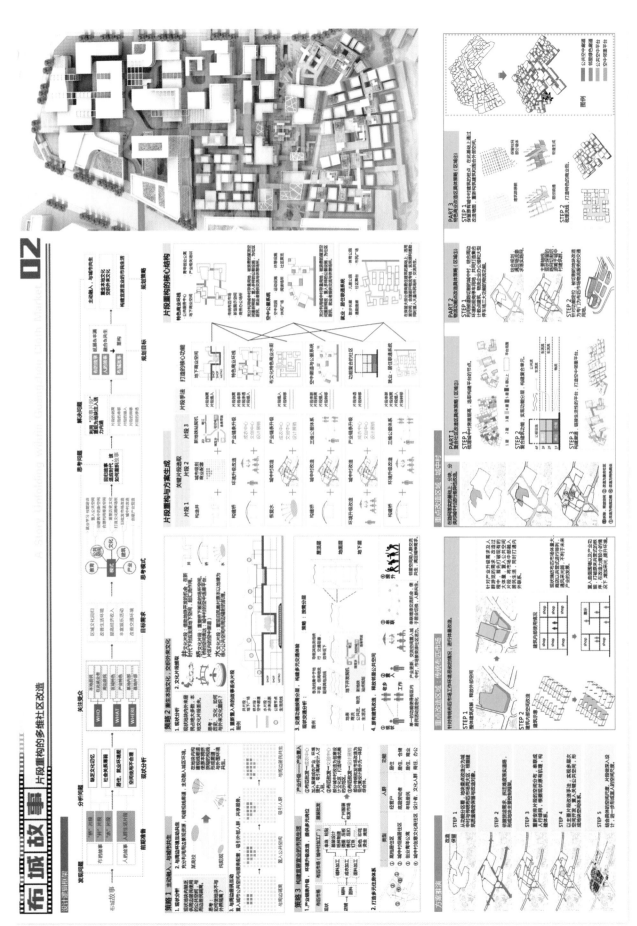

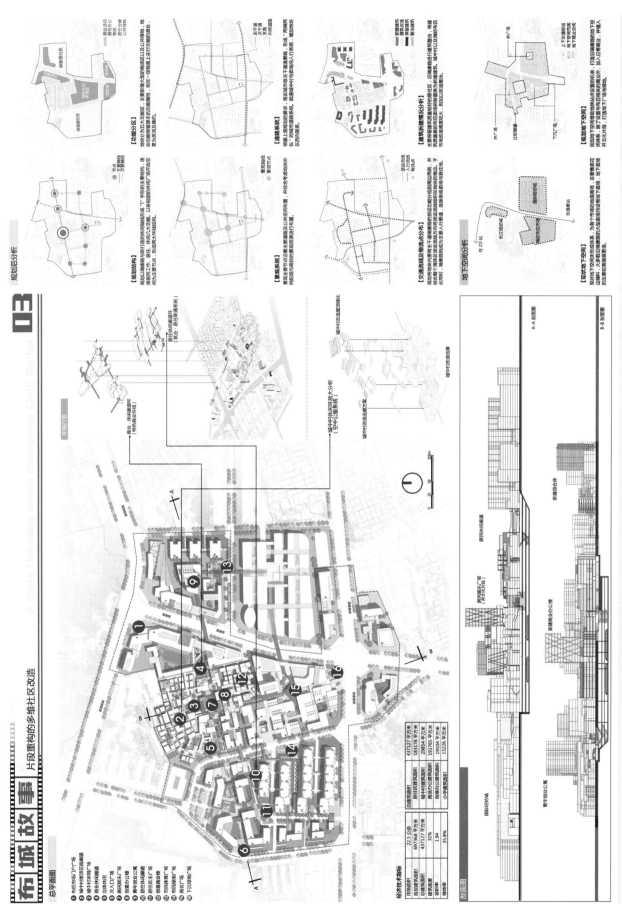

指导老师点评：

　　基地位于南方某城市中心地带，现状建筑密度高，人员构成复杂。方案以"空间塑造"为出发点，以叙事为线索，将不同功能的城市空间节点串联成线，结合地下空间、地表景观和空中廊道的设计，为不同人群提供可满足其不同时空需求的城市公共空间。

　　设计的关注点略多，导致核心规划理念不太突出。效果图的表达方式过于简单抽象。

绣外惠中

中山大学其他选送优秀作品
作者： 廖沁凌　罗璇

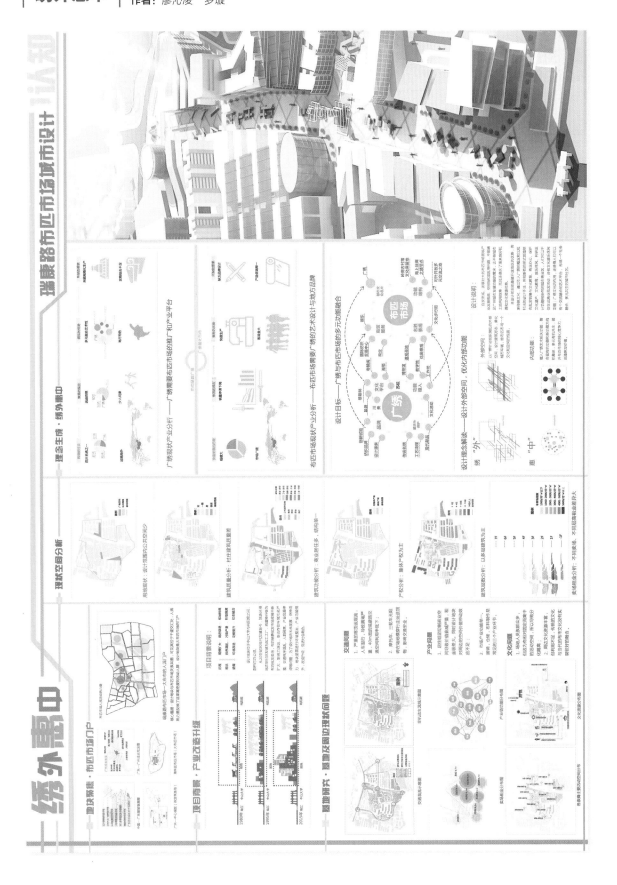

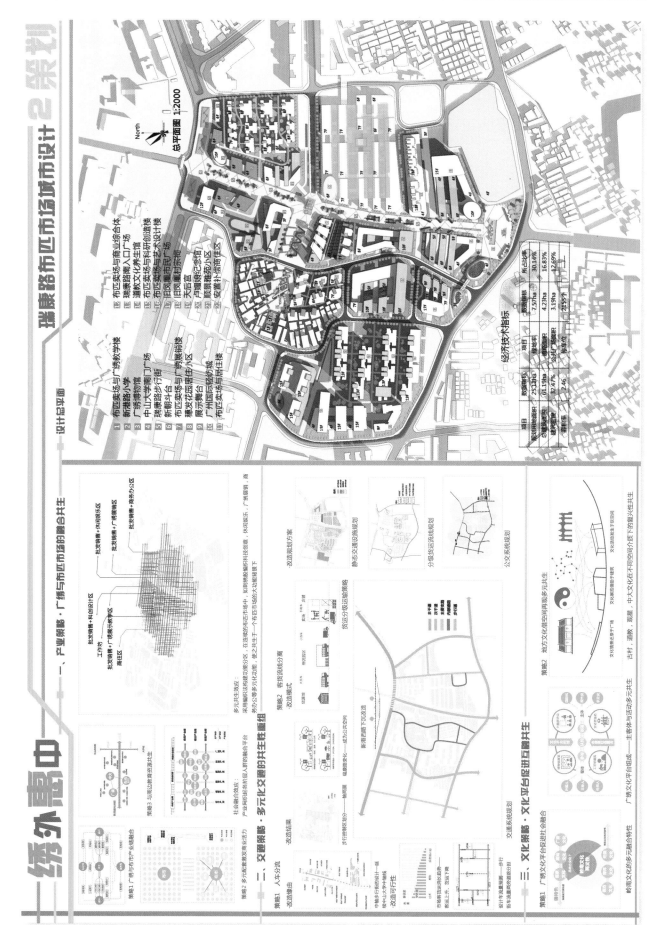

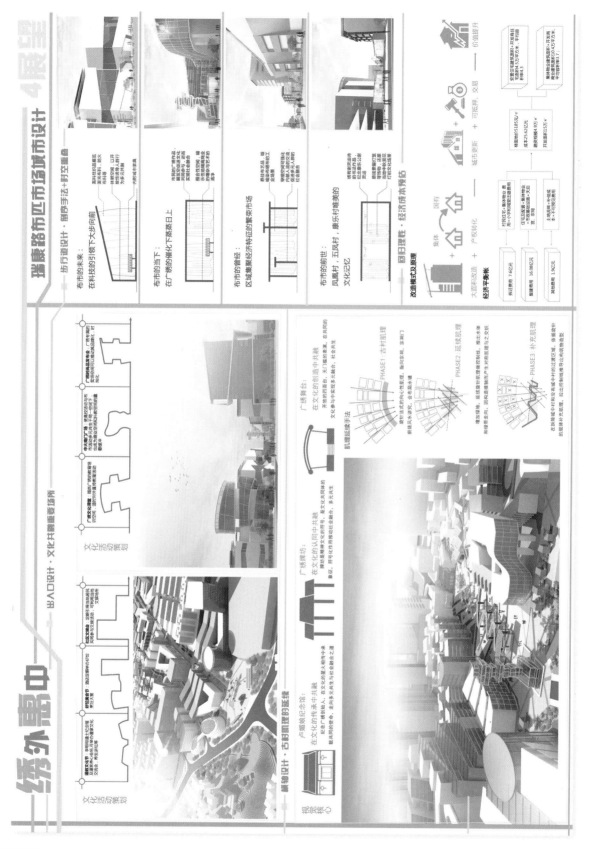

指导老师点评：

    该组同学的设计理念很新颖，以"绣"为主题，产业上以传统工艺"广绣"植入地块进行升级，在空间塑造上借用"广绣"的多种针法作为重构肌理的手法。设计风格上性格鲜明，建筑的模型推衍也做得较为细致深入，但从城市设计的角度而言过于依赖新建建筑。版面设计上，版面风格与建筑风格及主题不够协调。这是一份优点与不足都较为明显的作品，没能入选最终竞赛作品十分可惜。

"城市设计"课程优秀作业回顾

2016 中国高等学校城乡规划教育年会的城市设计课程作业主题为："地方营造，有机更新"，要求参赛者以独特、新颖的视角解析主题的内涵，以全面、系统的专业素质进行城市设计。[①]

设计主题

各学校应围绕 "地方营造，有机更新"这一主题，制定教学任务书和《教学大纲》，自行选定规划基地并确立设计作业主题，进行基地和主题的解读，开展课程设计。

成果要求

（1）用地规模：10 ~ 30 公顷。

（2）设计要求：紧扣主题、立意明确、构思巧妙、表达规范（注意图纸的深度与比例），鼓励具有创造性的思维与方法。

（3）表现形式：形式与方法自定。

（4）每份参评作品需提交：

展板文件：设计作业 JPG 格式电子文件 1 份，共四张。图幅设定为 A1 图纸（84.1cm×59.4cm，应保证出图精度，分辨率不低于 300dpi。勿留边，勿加框）。

网评文件：设计作业 PDF 格式电子文件 1 份（4 页，文件量大小不大于 10M，文字、图片应清晰）。设计任务书及教学大纲 DOC 格式电子文件各 1 份。

（5）设计作业与设计任务书和《教学大纲》的一致性、作业内容及质量均作为评选内容。

参评要求

（1）参与者应为我国高等院校城乡规划专业（原城市规划专业）的高年级（非毕业班）在校本科生，每份参评方案的设计者不超过 2 人。

（2）参评作品必须为参评学生所在学校本学年的一份正式规划设计的课程作业。

（3）参评作品和教学大纲中不得包含任何透露参评者及其所在学校的内容和提示。

（4）每个学校报送的参评作品不得超过 3 份。

（5）参评作品必须附有加盖公章的正式函件扫描件（JPG 格式），与参赛作品同时提交至相应网址，恕不接受个人名义的参评作品。

① 2016 年"地方营造，有机更新"主题的城市设计课程作业评选最终收到来自 90 所参赛院校的作业 240 份，其中违规 2 份。

中山大学本次选送作业 3 份，设计题目为"**花山小镇民间工艺文化创意园设计**"，任务书如下：

2016 年城市设计任务书

设计题目

花都 花山小镇 民间工艺文化创意园设计（城市设计）。

基地概况

项目地块地处广东省广州市花都区花山小镇洛场村，占地约 30 公顷。

2016 年 1 月，广东省民间文艺家协会与广州市花都区人民政府签订《关于共同建设中国民间工艺博览园框架协议》。

"中国民间工艺博览园"经中国民间文艺家协会批准，选址洛场村。功能涵盖民间工艺展览馆、民间工艺学院、广东省岭南民间工艺研究院、民间工艺孵化园等项目，是以展览馆为核心，集大师工作室、民间工艺研究、创作设计、展示、体验、营销、孵化、交易、接待、拍卖等于一体的民间工艺集聚的文化创意产业园。

设计范围

项目基地位于花山镇洛场村，南临花都大道，东临华辉路，距离白云机场仅 10 分钟车程。

基地内有着 200 多幢青砖房屋和 46 座碉楼。碉楼为多层建筑，形制各异，具有广府特色，又融合中西建筑元素和风格，兼具居住与防卫功能，蕴含着深厚的岭南本土文化内涵和浓浓的民俗风情气息。

相关设计依据及参考

规划设计要以国家、广东省、广州市有关规划法律、法规、规范、技术标准为依据：

1.《中华人民共和国城乡规划法》（2008）

2.《城市规划编制办法》（2006）

3.《城市用地分类与规划建设用地标准》（1991）

4.《广州市城市规划管理办法实施细则》（1987）

5.《广州市城市规划管理技术标准与准则》（2005）

6.《广州市城乡规划管理技术规定》（2010）

设计目标

主题："地方营造，有机更新"。

深入考察并分析现状，领悟地块的历史、文化、生态、经济等综合价值，为地块的未来开发制定一系列的改造策略，通过民间工艺文化创意园的城市设计，达到推动经济发展，表现地方文化、生活特色，体现生态优势，提升城市文化生活品质等目标。

项目要求体现科技创新、贯彻绿色生态的理念。以乡土文化及民间工艺为主题，汇集文化、商业、休闲、博览、培训、孵化等多种功能。

设计要求

（1）紧扣"地方营造，有机更新"，为地块的未来开发制定一系列的改造策略，并结合周边的自然、人文、历史环境，塑造体现岭南地方特征和花都历史文化内涵的城市公共场所，发掘并表现场地深层次的历史因素和景观生态优势。

（2）设计应借鉴周边传统村落的聚落形态，以营造现代岭南艺术聚落，使将民间工艺文化创意园项目定位为打造乡土文化品牌成为花山小镇创造力原核，并为文化旅游、技术教育、研究博览、非物质文化遗产传承等提供场所。同时，通过灵活多变的空间与生态景观为周边居民提供城市艺术公园、休闲娱乐场所、餐饮服务特色零售等配套设施。

（3）空间整合：项目位于白云机场重点经济区外围，需要通过城市设计，整合景观空间结构，完善总体布局，丰富城市公共活动空间。

（4）保证项目功能开发与遗产保护双重需求，其中，对基地内的46座碉楼需保育活化，其余传统建筑经评估合理分类处置。需要保护基地内原有的具有保留价值的树木，并设计符合岭南气候的生态景观。

（5）满足交通组织的要求，基地内部形成合理道路系统的同时满足与华辉路的交通衔接，并设置合理的停车位。

竞赛作品

中山大学最终获得佳作奖2份，其他优秀作业1份。

作品名称	参赛学生	指导教师
艺兴古巷　文毓新坊（佳作奖）	邓经纬、罗羽丝	产斯友、王劲、刘立欣
行走的村志（佳作奖）	温炜、袁誉菲	刘立欣、王劲、产斯友
因势力导，共"产"共生（优秀作业）	覃知、罗子昕	王劲、产斯友、刘立欣

艺兴古巷　文毓新坊

中山大学获得佳作奖两份
作者：邓经纬　罗羽丝

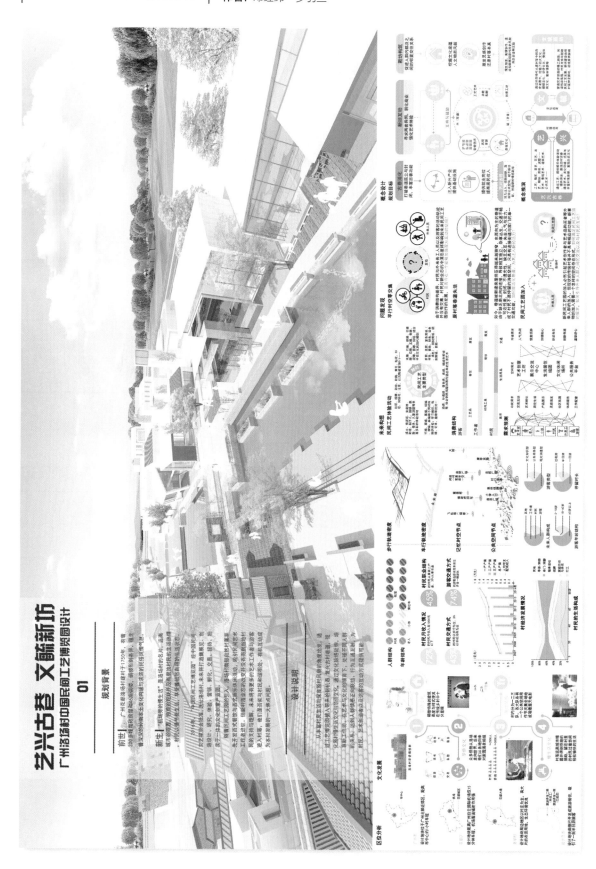

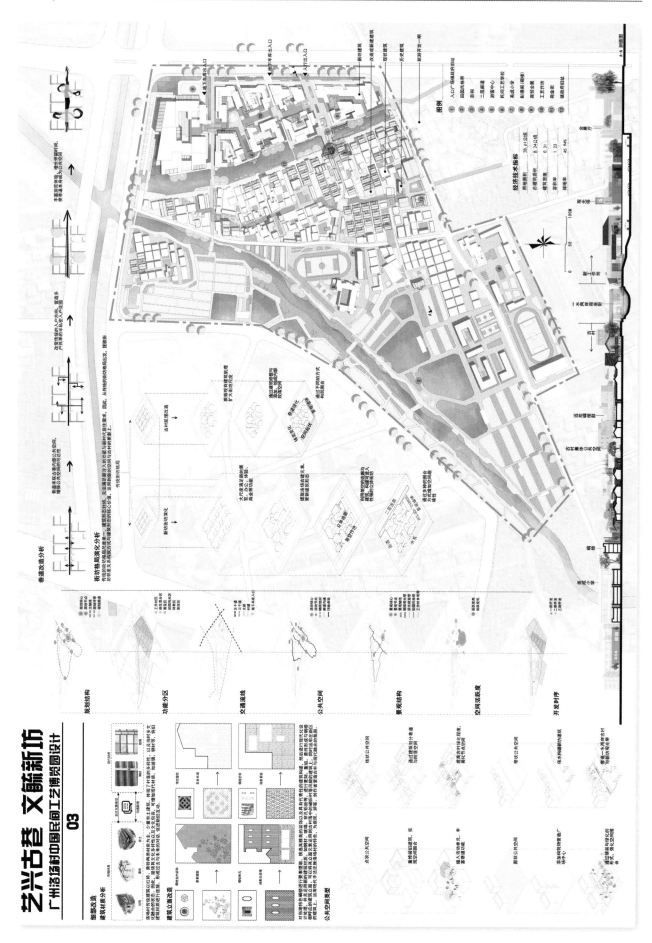

指导老师点评:

  中国民间工艺博览园的设计选址,为拥有数百年历史的洛场古村的发展提供了新的契机。如何借助文化产业的功能植入,活化日趋衰敝的传统巷落,如何顺应从艺群体的生活介入,促进不同背景的邻里交往,是本选题试图通过空间设计解答的基本问题。该设计通过文娱体验的空间对应与街巷空间的景观优化,传统水系与开敞空间的脉络梳理和体系重构,将历史资源与文化产业整合进古巷与新坊空间架构之中,是一次思路清晰、表达充分的设计思考;不过,该设计在新旧之间的亲水空间界面处理上尚显板正,沿岸部分风貌整治建筑的界面处理上手法稚嫩,空间体系的大小收放与细节把握方面多有欠缺,指标表达有误,让人遗憾。

行走的村志

中山大学获得佳作奖两份
作者：温炜　袁誉菲

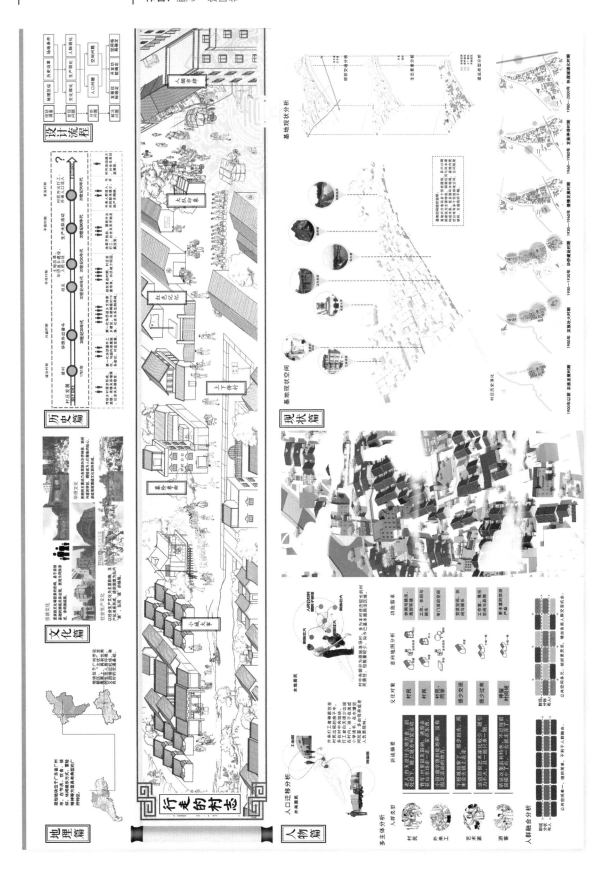

行走的村志

概念篇

概念解析

行走的村志

策略篇

行为文化总结

人口问题总结

空间问题总结

地方特色建筑

总平面图

规划系统策略

结构成篇

方案解析

空间改造策略

技术经济指标

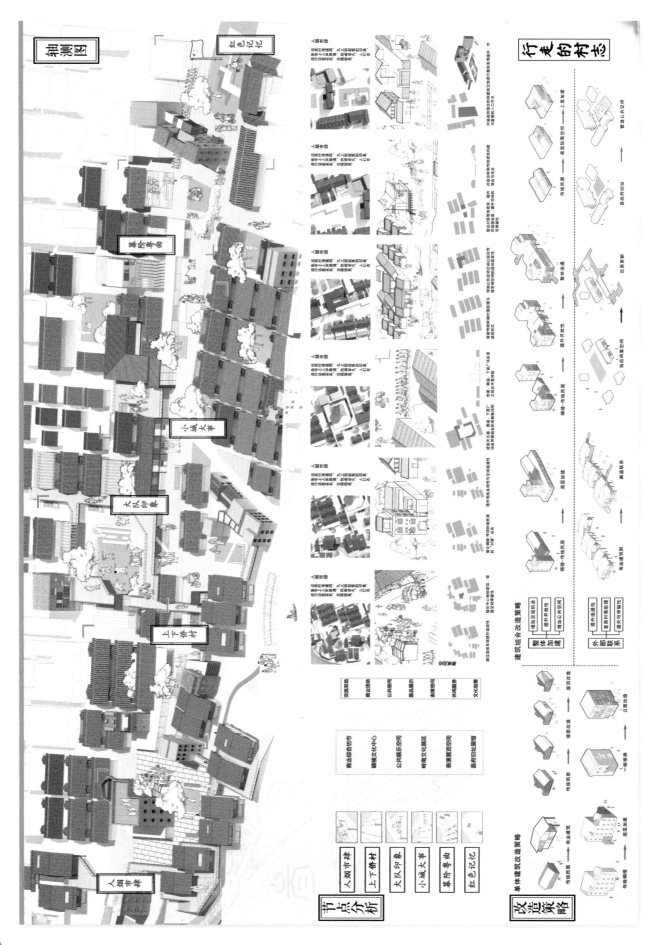

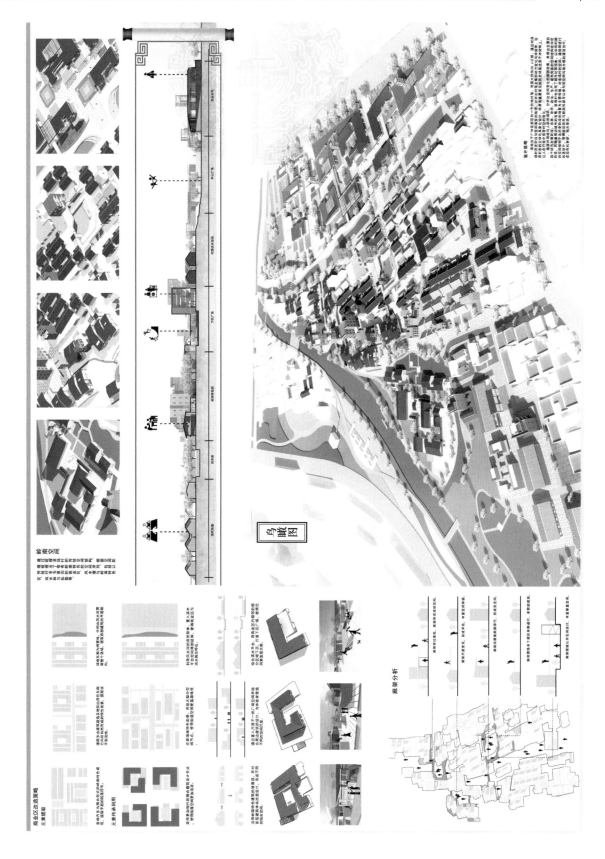

指导老师点评:

    以历史追溯与文化研究为基础,方案对基地所在村落不同历史时期的代表性生活场景进行了梳理,将其还原成空间序列并加以串联,将"村志"立体化、空间化与可视化。此外,方案在对传统水系的挖掘与复原、街巷空间的整理与延续、历史建筑的保护与利用方面也进行了卓有成效的研究与探讨。规划范围西侧部分设计深度略显不足,对历史建筑保护策略的思考应该加强。

因势力导，共"产"共生

中山大学其他选送优秀作品
作者：覃知　罗子昕

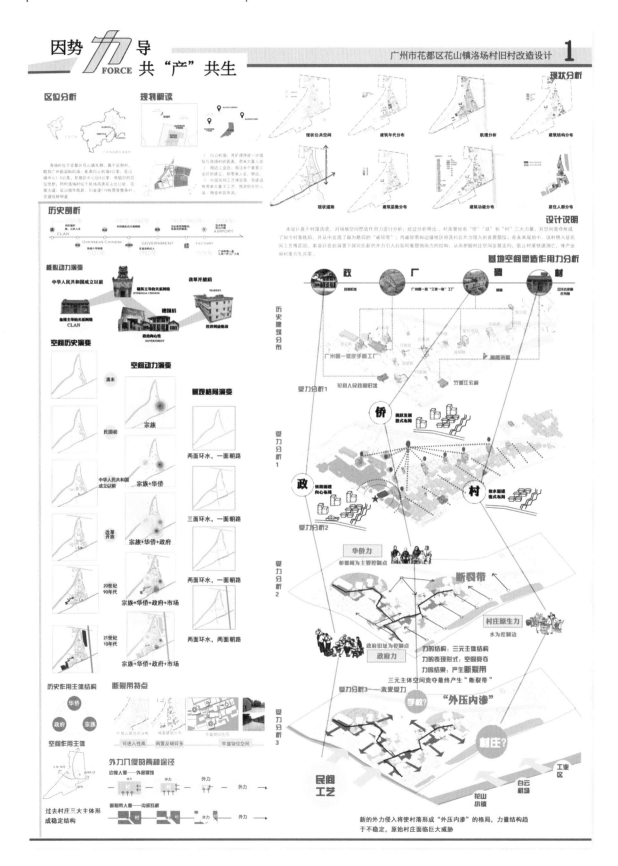

因势力导
FORCE
共"产"共生

广州市花都区花山镇洛场村旧村改造设计 **2**

新外部力分析

空间需求

手作时代、个人体验：私人订制

工坊、销售……

众创空间

工作室、公司

人群结构

手工艺者　手工艺大师
　　　　　手工艺从业者

居民　本地村民
　　　外来移民

游客　乡村旅游游客
　　　手工艺玩家

系统分析

车行系统结构

步行系统结构

景观系统结构

经济技术指标

规划总用地：28.6hm²
总建筑面积：192032m²
容积率：0.67
绿地率：41.40%
建筑限高：21m
建筑密度：42%
低位机动车位数：170

新的力平衡结构

引导、控制力量

外来入侵力量

中介域冲力量

原生力量

洛场村的皮具历史

皮具作为触媒的作用

手工艺者

皮具工艺

本地居民　游客

方案生成

STEP 1：整理断裂用　STEP 2：注入外力　STEP 3：增设景观环形成缓冲环　STEP 4：形成圈层结构

作为天然屏障，提供产业带与原始村庄之间的缓冲，亦是保护　——　景观环　原生圈层

控制性开发，以手工皮具为触媒，缝合脆弱地带　——　断裂带（产业副带，手工皮具为触媒）　原生圈层

作为地块与外界交流的主要功能通道，起到抵御及缓和外来力量的作用　——　景观环　产业带

圈层结构示意与分析

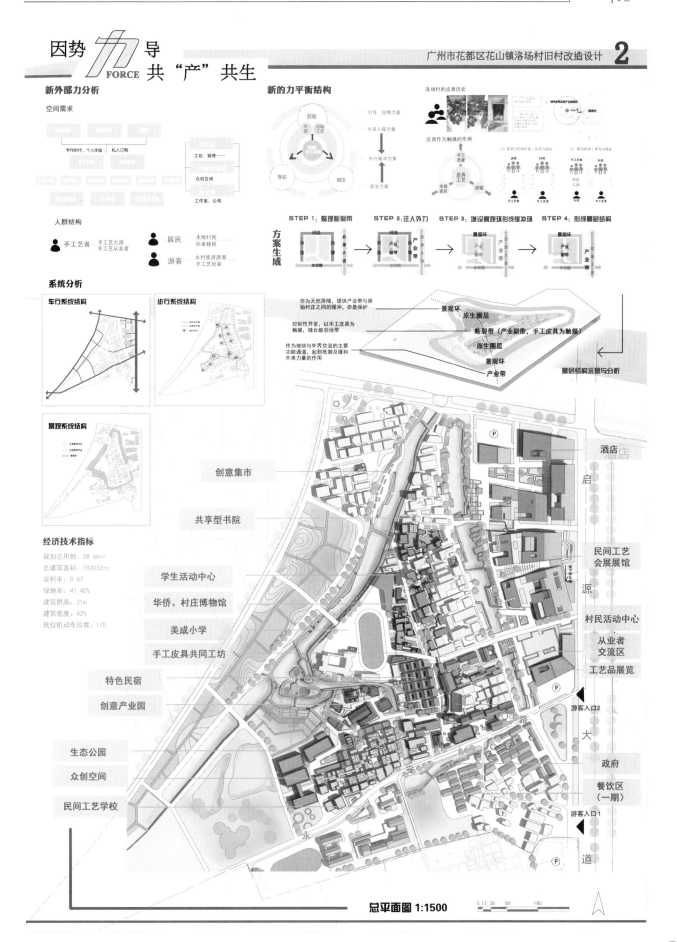

酒店

创意集市

共享型书院

民间工艺会展展馆

启

学生活动中心

华侨、村庄博物馆

美成小学

手工皮具共同工坊

源

村民活动中心

从业者交流区

工艺品展览

特色民宿

创意产业园

游客入口2

大

生态公园

众创空间

民间工艺学校

政府

餐饮区（一期）

游客入口1

道

总平面图 1:1500　0 1 2 3 6　84　180

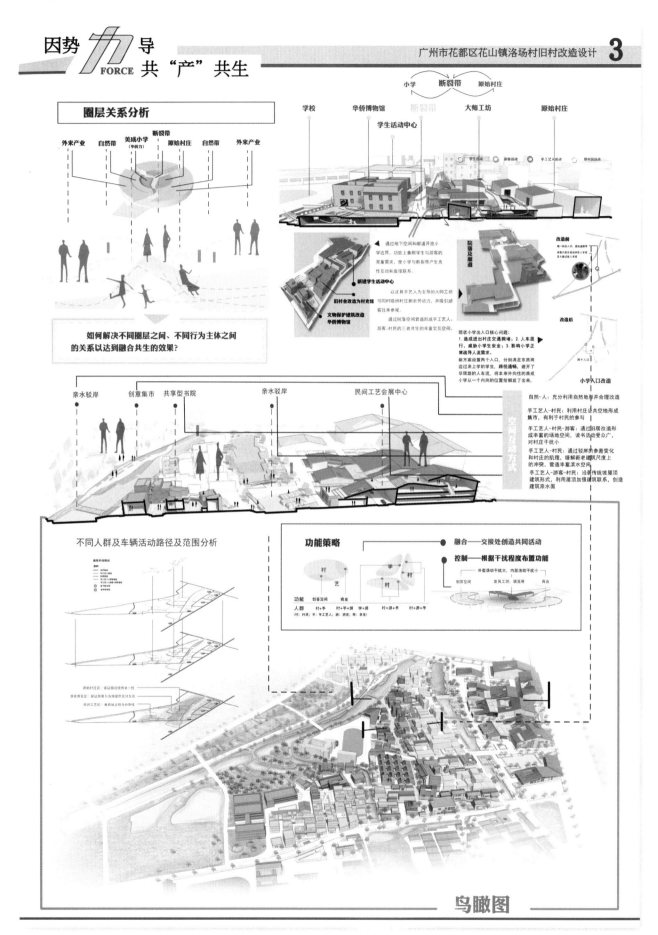

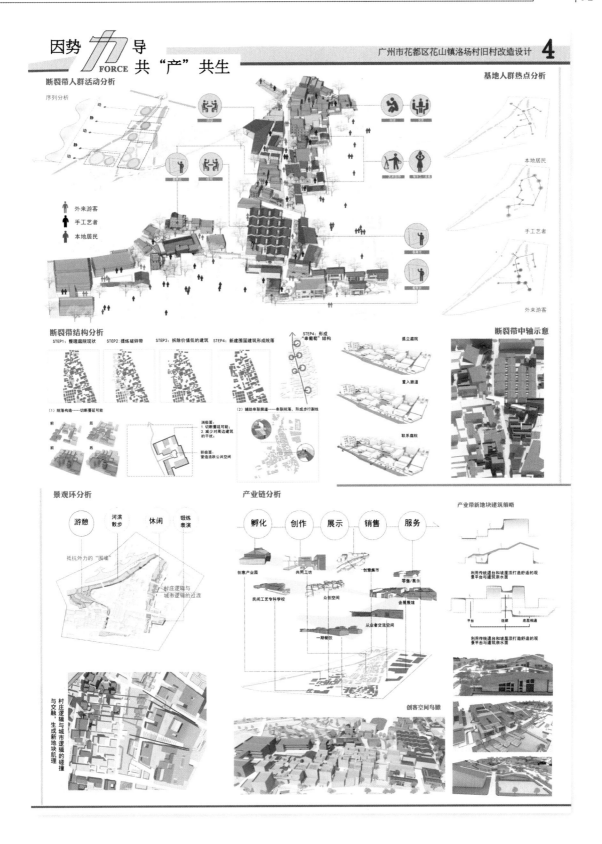

指导老师点评：

　　该组同学破题以历史研究为出发点，先找到了基地洛场古村发展过程中起到主导作用的三种原生力——村、政府与华侨，并分析得出在此三受力下的村落空间格局特点。新的民间工艺博览功能的植入将代替曾经的华侨助力与村、政之间形成的三力平衡，并构建出村落新的空间形态。方案也以此重塑空间，构建了三重空间体系，从概念到设计思路都非常清晰，完成度也较高。不足之处在于最后的版面设计及效果图渲染较平，表现力不足，对竞赛作品而言是影响首轮入围的一个关键因素。

▶ 2010 级卢俊文、詹谌感言

　　城市设计课程是我们本科最后一门设计课程，和总规结合的课程安排让我们有机会在一个矛盾冲突比较激烈的城乡结合部开展设计。立足坊城文化综合体的现状，受理论课部分的城市建设史启发，我们很自然地联想到了"坊"和"墟"的概念。"化坊入墟"的理念在方案的前几周就已经确定了，然而城市设计课程与以往设计课程的不同在这时显现出来：在以往的设计课程中，我们有着明确的设计意图，或为了实现某种功能，或致力于理顺场地关系、实现空间优化；而城市设计却更加综合，甚至希望用我们的理念影响城市发展。理想很伟大，但展开方案时才发现自己所掌握的设计方法有多么贫瘠，面对虚无缥缈的概念，无论怎样也找不到合适的空间方案。

卢俊文

　　老师们及时为我们指明了方向，在老师们的指引下，我们从各个方面研究了中国传统市集的空间组合形式，使得方案形态终于有所依托，接下来我们又接下寻找它们在现代城市空间中实现方式的任务继续研究。因为我们花了很多时间来研究空间组合形态，所以虽然早早地就进入方案设计阶段，但是到最终形成方案时却成了进度较慢的组，然而这个过程是必要而充满乐趣的。最终和老师们一起讨论出来的方案虽然依旧留下了很多遗憾，但这一步步实现的过程也让我们感受到了许多惊喜，如果不是去一步步研究推进，我们是无论如何也不可能依靠想象做出最终方案的。这种充满了探索和收获的学习过程让我们感到很幸运。

　　回顾整个学期的学习，我想在我们的这次城市设计课程中有两点出乎意料地发挥了重要作用。第一是理论课程的学习：从城市建设史等理论课程中寻找启发或许是学生时代学习设计方法、展开课程设计的一个好途径。第二是空间形态的专门研究：通过文献阅读、案例归纳等多种手段来辅助方案设计，或许有助于设计基础还比较薄弱的我们跳出还显幼稚的设计手法，实现更多的可能性。当然，更多的收获和对我们更深的影响可能在那一次次的探索和琢磨中。

詹谌

▶ 2011 级祝益韩、翁阳感言

一、"没有调查就没有发言权"——详尽的现状调查

（一）从宏观出发——区位分析

本方案设计地块为广州市海珠区瑞康路布匹市场北部片区，地块边界大致为新港西路、立新路、凤景路、纺城北街，面积约为 29 公顷。

（二）回溯历史——布匹市场历史发展历程

（三）直面现实问题——现状产权问题分析

产业历史发展趋势和土地权属关系表明，这种低成本导向的布匹批发产业与现有的产业空间能够较好地契合，同时地块内大部分产业空间为村民集体用地，因此，大规模拆迁、功能置换、产业升级在本地块内不具备较强的可行性，由此，方案对产业的处理手法更多是以梳理为主、拆除为辅。

（四）归纳总结——现状四大矛盾

基于现状调研，我们认为，地块内现状存在四大主要矛盾分别为：①局部交通流线严重冲突；②村内消防设施无法到达；③人车（三轮车）混行存在交通隐患；④由于布匹产业的繁荣发展不断侵蚀周边生活空间，导致地块内公共空间缺失，各类人群出现同质抱团、孤岛隔离的现象。

二、"设计是一步步的推理"——严密的方案推演

（一）理念释义

对人群的融合，破除现状分异的格局是本方案的重点，对此，本方案充分发掘现有空间使用的潜能，通过对村内屋顶进行公有化、地块内消极空间积极化两种手段嵌入了人群往来交流的场所，形成一条明晰的公共空间走廊。方案题名"布衣往来"则是对百姓其乐融融的呼应。

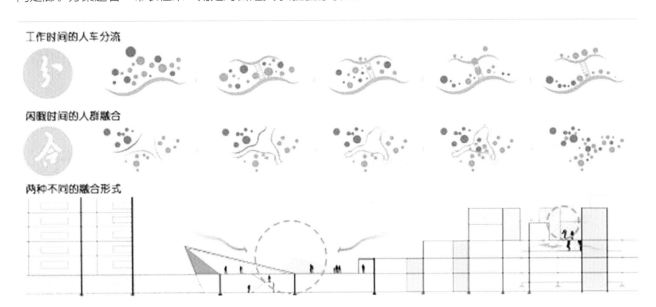

（二）缓解流线冲突——立体与渠化交通

Step1 18个流线冲突点

图例

▱	三轮车流线
▱	机动车流线
▨	社会停车场
▨	帐篷
▱	道路
▱	建筑
▬	道路隔离网
▬	道路隔离网

Step3 只剩5个冲突点

坡长130m
坡度3.8%
净高4.5m

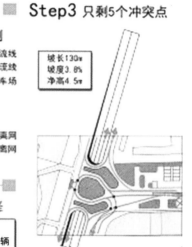

经过下穿式立交处理之后，南北向往来的车辆可以快速通行，避免与路面三轮车产生正面冲突，瑞康路能够正常发挥其城市主道的职能。

路面通过渠化形式使得车辆行驶更加有序。

Step2 方案筛选

方案	排除理由	态度	方案选择
交通指示灯组织 🚥	三轮车交通纪律性差，同时车夫注重效率，基本不按指示灯行驶	✗	**立交** 使南北向的车辆直接从隧道通过，减少10个冲突点
取缔三轮车通行 🚫	三轮车是目前产业区内各功能相互联系的最需要的交通工具。	✗	
产业空间大调整 📋	现有产业空间分布是成本最小原则决定的，产业转移不可行。 拆迁重建不仅损害村民利益，且无形中提高批发业的成本	✗	**渠化** 通过交通岛使交通冲突点转化为汇流点。

（三）构建消防体系——梳理消防通道

Step1 建筑削减

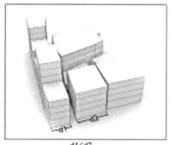

d1<d2　　　　　　拆除d2临街部分

消防通道的构建主要通过对原有街巷的拓宽，拓宽将会涉及建筑局部的拆除，在拆除时，一般情况下拆除建筑进深值较大一侧的建筑，以确保建筑功能的完整性。

Step2 构建消防通道

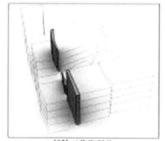

通过建筑的削减，来开凿出一条村内应急消防通道。

（四）实现人车分流——搭建空中廊道

Step1 参考公交设置站点的方法

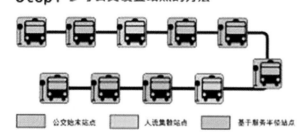

▭ 公交轮总站点	▭ 人流集散站点	▭ 基于服务半径布点

公共交通线路的组织首先考虑的是主要客源地与目的地之间的联系，并基于服务半径设置一系列站点。

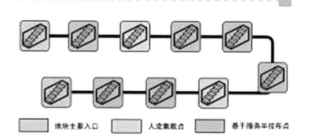

▭ 地块主要入口	▭ 人流集散点	▭ 基于服务半径布点

空中廊道引入了公交站点的概念，站点对应廊道的出入口，出入口的布设需要能够串联主要人流集散点之外，还应具有合理的服务半径，使居民能够便捷地进入廊道。

Step2 廊道走向

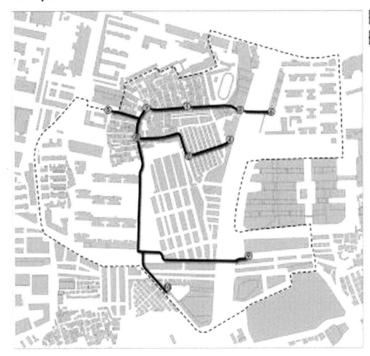

- ┈┈ 设计地块边界
- ▭ 空中廊道

① A肉菜市场
② A餐饮集聚区

③ 旧凤凰村A出口
④ 旧凤凰村B出口
⑤ 旧凤凰村C出口

⑥ 穗发花园
⑦ 村内A
⑧ 村内B
⑨ 瑞康小区
⑩ 民政学校

	为主要人流集散点而设置的站点
	为进出设计地块而设置的站点
	满足一定服务半径设置的站点

Step3 微观设计

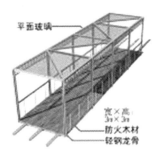

平面玻璃

宽×高
3m×3m

防火木材
轻钢龙骨

廊道体量（宽×高）：3m×3m

廊道材质：轻钢龙骨、防火木材以及平面玻璃

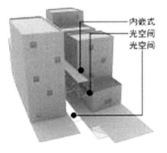

内嵌式
光空间
光空间

城中村内廊道与建筑的关系为内嵌式，这样既可以保证城中村道路有一定的采光空间，又可保证廊道有一定的灰空间。

城中村外廊道主要采用外挂式，尽量避免不必要的拆迁而带来的改造难度。

反光玻璃

廊道的设置在一定程度上会对私密空间造成干扰，设计通过防盗网与反光玻璃双重手段，保护私密空间尽可能不被行人窥视。

（五）促进人群融合——植入公共空间

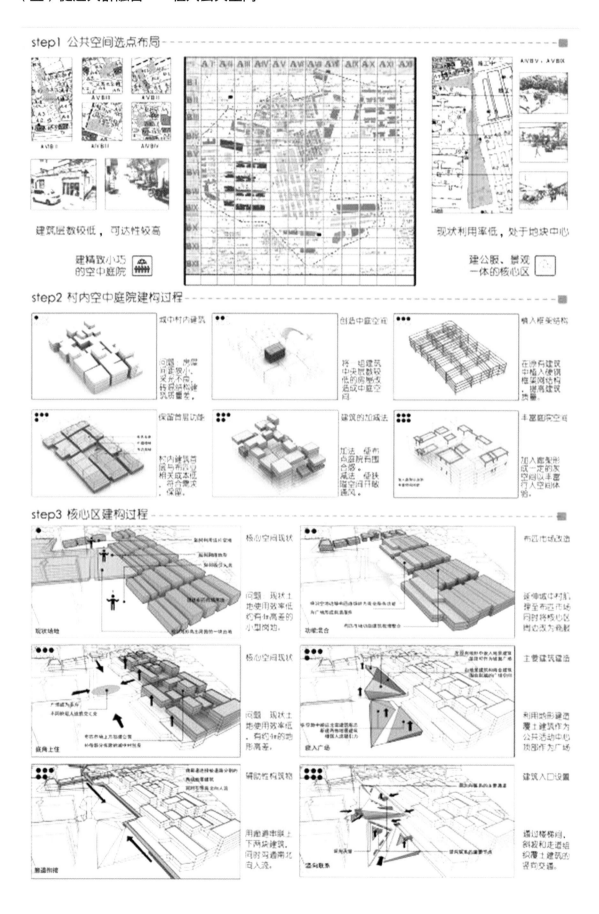

三、"过程越是复杂，结果越是简单"——方案呈现

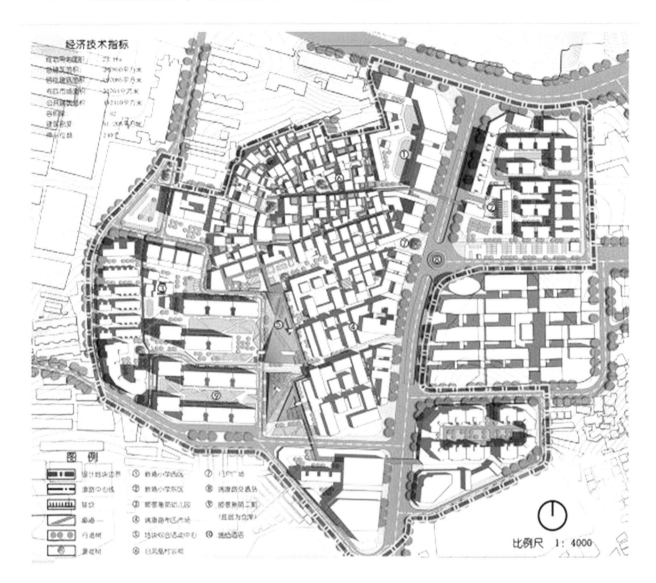

▶ 2012 级邓经纬、罗羽丝感言

设计让生活更美好

提交学生作业的时候，我们的成果确实比较弱，我们觉得能够参加这次竞赛已经是幸运了。后期方案深化修改阶段，我们只希望能尽最大努力去做好，获得佳作奖也就非常高兴了。

首先，我们特别感谢三位指导老师的信赖与支持。从整个方案的初期到终期，产老师都给了我们很多宝贵的建议。让我们特别感动的是，产老师即使在医院养伤，还坚持要继续指导我们的方案设计。感谢王老师前期调研带着我们深入村落了解其历史变化，是王老师的严格要求才有我们高效率、高质量的成果。感谢刘老师在后期这个高强度阶段给予了很大的鼓励，才让我们有自信坚持原有的图面风格。

其次，还要感谢彼此。无论是前期调研、中期的方案讨论，还是后期的画图阶段，我们的团队合作都很棒。我们发挥了各自的优势，才能把我们的概念充分贯彻整个方案。后期合理的分工也让我们的画图效率与质量得到很大的提升。并且，在我们画图比较疲劳的时候，我们可以及时发现并鼓励继续努力，让彼此重新有动力继续完成。

最后，经历这次城市设计竞赛，让我们重新认识了村落更新。那些在本地人看来只是旧房子，可是其拥有的价值正是能重新激活村落发展的吸引点。同时，在我们规划设计的时候，应更多地从本土的角度出发，例如本地人的生计问题、本土文化的继承等，才能实现真正的有机更新。另外，合理的设计可能不会涉及方方面面，但一定能抓住问题的痛点。我们相信，设计让生活更美好。不过，这次也只是佳作奖，我们还有很大的提升空间，希望能在以后的学习生活中继续努力。

邓经纬

罗羽丝